記憶力，最強的商業技能！

教你做好「記憶管理」，
精進學習力、理解力，
讓工作和學習更高效

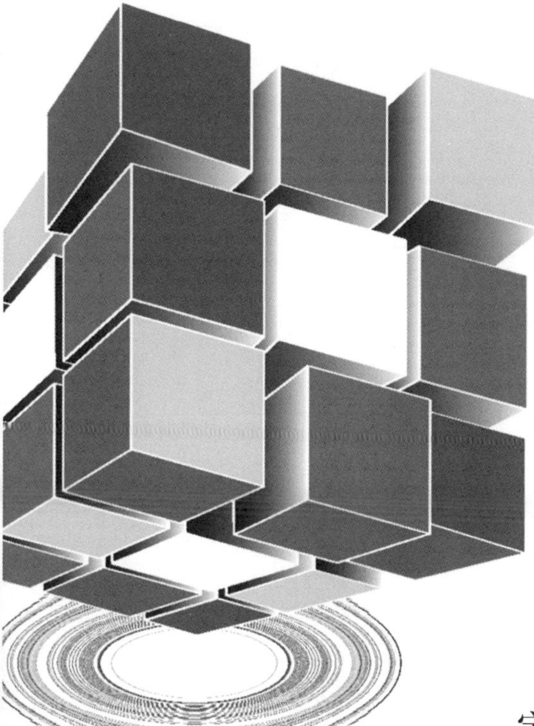

宇都出 雅巳——著　　許郁文——譯

經營管理 188

記憶力，最強的商業技能！教你做好「記憶管理」，精進學習力、理解力，讓工作和學習更高效

作　　者　宇都出 雅巳
譯　　者　許郁文
責任編輯　林博華
行銷業務　劉順眾、顏宏紋、李君宜
總 編 輯　林博華
事業群總經理　謝至平
發 行 人　何飛鵬
出　　版　經濟新潮社
115台北市南港區昆陽街16號4樓
電話：(02)2500-0888　傳真：(02)2500-1951
經濟新潮社部落格：http://ecocite.pixnet.net
發　　行　英屬蓋曼群島商家庭傳媒股份有限公司城邦分公司
115台北市南港區昆陽街16號8樓
客服服務專線：02-25007718；25007719
24小時傳真專線：02-25001990；25001991
服務時間：週一至週五上午09:30-12:00；下午13:30-17:00
劃撥帳號：19863813；戶名：書虫股份有限公司
讀者服務信箱：service@readingclub.com.tw
香港發行所　城邦（香港）出版集團有限公司
香港九龍土瓜灣土瓜灣道86號順聯工業大廈6樓A室
電話：852-2508 6231　傳真：852-2578 9337
E-mail: hkcite@biznetvigator.com
馬新發行所　城邦（馬新）出版集團Cite(M) Sdn. Bhd. (458372 U)
41, Jalan Radin Anum, Bandar Baru Sri Petaling,
57000 Kuala Lumpur, Malaysia.
電話：+6(03)-90563833　傳真：+6(03)-90576622
E-mail: services@cite.my
印　　刷　漾格科技股份有限公司
初版一刷　2024年10月3日

城邦讀書花園
www.cite.com.tw

ISBN：978-626-7195-76-5、978-626-7195-77-2（EPUB）

定價：360元

〔推薦序〕

記憶管理力，決定人生成敗

王乾任

你覺得自己有辦法記住五千個人的資料嗎？

相信不少人正在內心搖頭吧？

除了海馬迴或顳葉區遭受物理性損傷，或病痛侵蝕大腦外，絕大部分人都能記得住五千人的資料。

不信的話，試試。

拿出一疊紙跟一枝筆，寫下你從小到大認識的每一個人的基本資料（姓名、性別、年齡、星座、血型、家庭成員、學歷、工作……），從家人朋友同學開始，再擴及同事客戶乃至生活中的熟人。還可以寫寫你們的關係，曾經一起經歷過的事，對這些人的評價與感想。

寫完認識的人，接著寫公眾名人，從小追的偶像明星藝人、企業主與企業、政治人物、科學家、宗教人士、神佛之名，乃至古往今來的歷史人物，動漫戲劇電影裡出場過的人物角色……。

要有耐心，慢慢寫。以句子或字彙紀錄即可。你會發現，自己腦中記得許多人的事情。即便沒有特別去背，已經過去很久，卻還牢牢記得。因為這些人跟我們有關連性，或曾經常往來，或對我們的人生有過啟發、影響，不自覺地將之編寫到自己的人生故事中，成為人生故事的一部分，屬於情節記憶。

每個人都是透過記憶建構世界，人是由自己的記憶所形成。

還可以再寫寫你知道的生活常識，像是交通法規、做人道理、工作方式、看過的書籍電影戲劇內容名稱，個人所學與工作專業的知識，格言金句成語小故事，家中物品的名稱與品牌、購買地點、金額⋯⋯。

我敢很負責任地告訴你，你所能憶起寫下的遠不是你所記得的全部，若能導入分類架構，將資訊按分類、分層，編排時序，還會想起更多，可以寫出更多。

除能以文字表達的記憶外，還有不易以口語表達的程序記憶，像是開車、吃飯、運動健身打球跑步、行走坐臥的過程。我們每日生活都須使用，是維持生活不可或缺的重要記憶。

我們每個人的記憶力都很好，即便不懂記憶術。

那麼，為什麼我們會覺得自己記憶力不好？

我認為，原因在於現代人每天透過網路接收太多細碎去脈絡、不必要且與己無關的資訊，只使用短期記憶區約略記之，過後即忘。過一陣子試圖回想，常想不起來，便逕自認定記憶力不好。

過往人們以為，改善記憶力之法，便是學習記憶術。只不過，大部分的記憶術，訓練人腦強行記憶雜訊的技能，像是十分鐘內背下五百個隨機數字、一百組電話號碼、撲克牌排序……，這種能力學不學，對真實生活的記憶使用影響不大。

我們真正應該要學的，是宇都出雅巳的《記憶力，最強的商業技能》。記憶之於人生的重要性，不在強記大量雜訊能力，不需追求記憶冠軍的記憶力。記憶之於人的重要性，在於能否不斷管理自己的記憶，透過重組，賦予新意，藉以改善人生。

一個人怎麼活，是由我們的記憶述說的。你選擇記住什麼，說明了你是什麼樣的人，決定怎麼活？也就是說，仔細觀察自己的記憶所呈現的生命故事樣貌，從中獲得行為決策的啟發，用於改善人生，方為善用記憶之道。

人會記住與自己生存息息相關的資訊，即便沒有特別鍛鍊，依然牢記，且能順利提取，大腦不敢或忘。久沒在用，和生存無關的資訊，則會被大腦遺忘。

突然要你記住五千個人的資訊，看似很難，但若能找出每一筆資訊與自己的關聯性，建構一個與自己生命有關的故事、記錄之，要記住五千人的資訊，並非不可能（無須追求精確無誤，大概正確就好）。

記憶五千人資訊的過程叫學習；將這五千人資訊重新排列組合，得出過往沒有的新資訊的過程就叫思考；所得結果則叫創意、洞見、新觀點。

宇都出雅巳認為，記憶管理力比記憶術更重要，人應使用記憶管理力改善學習、工作與生活的方法，像是透過許願，重新設定目標。

重新解讀記憶，重整價值觀與思考行為決策，從而改變人生。例如，轉化人生中的挫折經驗為創業靈感，打造出滿足市場需求痛點的暢銷商品，便是仰賴對自己過往記憶的重新理解。當一個人懂得持續透過提問（促發），挖掘自己內在需求，提取並重組記憶時，原本記憶對其意義與價值也將隨問題需求而改變。

記憶管理力是學習、思考與創新的基礎，認真管理記憶者，必然懂得認真審視自己的過往經驗，找出資訊與自己的關聯性，用於提升工作能力與各方面表現，從而改變人生。這就是為什麼作者認為，記憶力是最強商業技能，每個人都應該學習且應用之！

（本文作者為專職作家、出版觀察家與讀思寫文字溝通表達力講師，網名Zen大，部落格「Zen大的敦南新生活」版主）

〔推薦序〕

解構記憶力的底層邏輯

趙胤丞

日本知名作家宇都出雅巳老師又出版新作品了！宇都出雅巳老師的新作再次引起了我的強烈興趣，讓我回想起第一次接觸他的作品《超快速讀書法》那段奮鬥的日子。當時我正準備出國深造，面臨著托福和GMAT的雙重挑戰，同時還要兼顧工作。在有限時間下，我迫切需要高效學習方法提升我的讀書效率。而宇都出雅巳老師提供的實用技巧和策略，讓我在有限的時間內最大化我的學習成果，讓我在準備考試時發揮了巨大作用，最終順利通過考試。在成功應用這些讀書技巧後，我對老師其他著作產生興趣，進而陸續拜讀《雪球速讀法》、《一分鐘快速記憶法》、《菁英才懂的零失誤工作術》等書籍，進而提升我的資訊處理能力與記憶力，這對我培訓師的工作有很大助益。

宇都出雅巳老師這次作品是圍繞在「記憶力」，新作品提供全新視角來理解和增強我們的記憶功能。我自認記憶力平平，然而多數人卻對我擁有良好記憶力感到驚訝。我發現我無意中使用的一些記憶技巧與老師所提倡方法不謀而合，覺得佩服宇都出雅巳老師梳理並清晰解構記憶力的底層邏輯。

在這個ＡＩ充斥的時代，對記憶力的培養尤其重要。宇都出雅巳老師在書中提到：「沒有記憶，我們無法思考，也無法催生創意。」這句話讓我深思。過去，我也曾誤以為創意是靈光一閃的結果，但書中對創意解釋指出創意實際上來自於記憶的深層聯繫和整合。當我們能夠有策略地管理自己的記憶時，新穎想法自然能源源不斷地湧現，關鍵在於如何有效地建立記憶之間的連結，如同書中提到「創意就是現有記憶之間的新連結」。

書中有個觀點很有意思：「語言之力的『言靈』就是記憶力。」我想起尊敬的教練好友張譯文老師分享過「我相信？我看見」與「我看見？我相信」的差別。我覺得這深刻揭示了語言、記憶與認知之間的相互作用如何影響我們的現實感知。這不僅是對記憶的詮釋，更是對現實的主觀構築過程的深入探討。這兩種模式之間的核心區別在於，記憶和語言如何在其中發揮作用。語言不僅是表達思想的工具，它還形成了我們理解和解釋世界的結構。我們使用語言來標籤和解釋我們的感知，而這些標籤和解釋又反過來影響我們的記憶。記憶則不斷重塑我們的語言和思維方式，這形成了一個循環，不斷重構我們對現實的認知和理解。這恰好符合宇都出雅巳老師在書中提到的「語言會影響我們的記憶，而記憶會影響我們的認知，讓我們看到想看到的現實」。記憶一樣，只是詮釋不同！

在我自己的學習過程中，發現自己學得快並高效能產出，往往是因為馬上就有使用的需求，而要發揮更大的影響力重點就在於開始行動輸出。這點也跟書中「記憶力之所以看起來有高低之分，其實是行動造成的差異而已」有類似的詮釋，透過實踐產生成果，透過成果回顧檢討，透過回顧檢討產生覆盤迭代行動，透過行動產生新的成果，進而逐漸優化精進，這樣的循環也會越做越好！

宇都出雅巳老師《記憶力，最強的商業技能！》這本書不只是關於記憶技巧的說明書，更是讓我們重新覺察並省思我們的思考行為模式的操作書。對於那些渴望在職場上取得更大成就、提升個人能力的專業人士來說，我由衷推薦每個人都應該閱讀這本書，讓它引領你在記憶的路上走得更遠，達到更高的成就。誠摯推薦《記憶力，最強的商業技能！》！

（本文作者為振邦顧問有限公司總經理、《高效人生商學院》podcast共同創辦人、著有《拆解問題的技術》等書）

〔推薦序〕

掌控自己的「記憶演算法」，別被記憶牽著鼻子走

蔡宇哲

有一次我在高鐵的便利商店買東西，結帳時店員喚了我的名字跟我打招呼，驚喜之餘我也很疑惑，是在哪裡碰過面的人呢？一問之下，原來他幾個月前曾經聽過我的講座，但這又讓我更加佩服，才短短的兩個小時，也沒有直接交談過，更何況我現在的穿著跟當時截然不同，除了戴眼鏡外還戴著口罩，這樣他都能認出來，讓我非常佩服。

一直以來我對人的記憶都不好，幾次在社交場合遇到有人來打招呼，但我卻想不起對方名字來，心底總是很心虛。對此，總是用自己對人臉的記憶與辨識比較不好來開

脫，不過有次跟一位在商業圈打滾許久的朋友聊天，他語重心長地告訴我，這跟記憶力無關，而是有沒有「用心」在上面。當時聽了有一點不以為然，這好像是說我與人交談時心不在焉，但我當然有用心在交流互動上呀。在讀了《記憶力，最強的商業技能！》這本書之後，我才知道他所說的用心並不是專注的意思，而是找到合適的方法來讓自己記得對方。這無關乎記憶力好不好，而是有沒有用對方法。

很多人以為記憶就像照相機一樣，當下所見所聞有記下來的話，就可以如實地回憶出來，實際上人腦的運作並非如此，而是比這更聰明而複雜得多。例如在社交場合認識一位新朋友，如果只透過他的名字跟外表來形成記憶，這就很像是要把兩個毫無關聯的事情配對連結記下來。如果在該場合認識了十個新朋友，就等於要記得十個完全獨立、沒有關聯的名字—臉孔組合，更重要的是還不能記錯配對，這一聽就知道是非常辛苦的任務。

然而，只要在記憶初始找到合適的連結，之後回憶時可以由線索來提取，如此一來就簡單多了。除了名字與外表以外，對方服務的公司性質、地點、學校、甚至當天的穿著，只要把這些資訊都串起來，而當中有一個可以留下深刻印象，或是和自己有強烈連結的，透過這一項，就比較容易把一整串的資訊都回想起來。例如對方跟自己畢業於同一所學校、出生於同一個縣市，獲得越多的資訊，事後要回想起來會更容易。

記憶並不僅僅是幫你記得人名，更是重要的問題解決、靈感的素材，每個靈光乍現的時刻，都是你腦中記憶碰撞的火花！

創意並不會憑空出現，會需要各式各樣的素材，腦子裡的素材越多，就越能出現新創意！而這素材正是生活當中的各種記憶。多收集並更懂得運用記憶，就等於提升了思考力。

記憶不僅是工作上需要，管理你的記憶，就如同是管理你的生活。

想像一下，週末午後你打開Netflix，準備來場輕鬆的追劇時光。首頁被琳瑯滿目的影片海報佔滿，每一部影集還會呈現有多少百分比適合你。這聽起來超讚的對吧？現在幾乎每一個社群平台的演算法也都是採用類似的機制，你常看、常按讚的類別就會被推薦，總是滑過去的就被認為不重要。我們的記憶就像這個聰明的演算法，透過這套神奇的「推薦」機制，自動為你挑選「適合」的資訊。這聽起來很讚，但根據你過往的習慣，不斷推薦類似的內容，日子久了你可能會被困在同一類型的故事或資訊裡，失去了探索新天地的機會。

這就是為什麼我們需要學會主動管理自己的「記憶演算法」。如果我們只是被動地接受推薦，就很可能會被自己的記憶牽著鼻子走，生活變成一成不變。因此我們需要時不時地打亂一下演算法，主動去接觸新的、不一樣的資訊，挑戰自己的思維框框。

掌控自己的「記憶演算法」，你可能在工作中更有創意、人際關係中更有洞察力、生活中更富冒險精神。這本書就像是為你的大腦安裝了強大的升級包，讓你突破固有思維，探索更多可能。

（本文作者為哇賽心理學創辦人兼總編輯）

目次

第2章　記憶蘊藏著改變人生的力量

第3章 每個人都擁有絕佳的記憶能力 75

第4章 「工作記憶體」的管理方法

——工作效率提高10倍！

第5章 聰明人都這樣連結記憶 ——提高創意發想力、人脈力！

第6章

前言

注意力不集中，工作就會越拖越久，怎麼做都做不完。
大家都知道「立刻開始做」的重要性，卻總是遲遲不願開始動手。
在商管書籍或是講座中學到的知識總是記不住，無法利用這些知識創造成果。
身為一個業務員，卻總是記不住別人的名字，也想不起來。
雖然努力去思考，卻總是沒有靈感，找不到創意。
明明是團隊負責人，卻得不到團隊成員的支持，帶不動他們。
總是沒辦法讓對方聽懂自己想說的事情……。

這本書，就是為了要解決上述煩惱，讓您確實掌握「商業技能」而寫的。

但是到底該怎麼做，才能學會這麼多技巧呢？

關鍵在於你的記憶力。

「記憶力？這是老掉牙的概念了吧？比起記憶力，現在是有創造力才有話語權的時代」，想必有些人會這麼想。

如果是考試或讀書，可能需要記憶力，但是跑業務、做生意根本不需要記憶力。話說回來，就算記憶力很差，現在也能用網路搜尋到各種資料不是嗎。

大家會這麼想也是正常，也有人主張「背誦」這種行為沒有意義，應該透過網路搜尋的方式讓「記憶外部化」，才是更有效率的方法。

不過，這是天大的誤會。

所謂的記憶，很多人都只想到「死記硬背」，但這只是記憶的一小部分功能而已。

一如現在的你邊閱讀這本書，邊進行思考，你都是根據哪些知識在思考呢？又是根據哪些東西催生創意的呢？

你所動用的，就是「記憶」。

或許平常不太會注意到這件事，但其實你無時無刻不在運用「記憶」。

就連你能夠閱讀這本書，也是因為你記住了文字與詞彙的意義，而且連那些你覺得「如果那樣做的話，或許不錯」的創意，當然也不是憑空出現的想法，而是源自你的經驗、知識、別人的成功範例、失敗案例、流行與趨勢的相關資訊，而這些都是你記憶的一部分。

由此可知，不管是思考還是發想什麼東西，都會用到已經儲存在腦中的記憶。

換言之，**沒有記憶，我們無法思考，也無法催生創意**。

記憶的厲害之處不止如此。

第二章會進一步說明，記憶會不知不覺地掌控你的思考、情緒與行動。不知道這件事的人，或許會不知不覺地被記憶操控每天的行動。

反過來說，了解記憶的運作機制，就能改變每天的行動。

我們的人生是由一個一個行動堆疊而成，若能改變這些行動，就等於改變人生。

一如第四章所述，專注力、溝通力、傳達力、領導力這些乍看之下與記憶無關的技能，其實都與「記憶」息息相關。

所以，**若能了解記憶具備哪些力量，稍微調整一下運用記憶的方式，你的「工作能力」一定會出現驚人的成長**。想必你已經知道，「記憶」的質與量將會左右你的「工作成果」。

這三十幾年來，我研究了速讀法以及各種學習方法，也透過實作的方式研究了心理學、心理治療、心理諮商、教練方法（coaching）等各種心理學的手法，之後也透過各種研修課程與講座，與許多上班族分享這些學習心得。

久而久之，我便了解「記憶管理」的重要性。

比方說，我們在讀書時，看起來讀的是書，實際上，我們讀的是書的內容與「自己的記憶」之間產生的化學反應與共鳴。在聽別人說話時，也是一樣的。

還有，人們在解決煩惱、問題時，或是為了達成目標而努力時，在背地裡運作的也是「記憶」。

當然，要學會並掌握上述提到的這些商業技能，當然也少不了「記憶」的幫助。

商業活動中所有的重要事項，都與「記憶」有關。

為了告訴大家，記憶不只有「背誦」這個面向，還有許多厲害的特性，所以我寫了這本書。

本書不是介紹「記憶術」的書籍。一如開頭所述，這是一本透過「記憶管理」來解決各種職場煩惱與問題的商業書。

記憶，說它是「我們自己本身」也不為過。我們，就是「記憶」的載體。

不過，如果將如此重要的記憶「外部化」，放棄記憶管理，那麼它將會在不知不覺間奪走你的商業能力。

今後的時代，只懂得「搜尋」的人是無法存活的。

反過來說，**你管理記憶的能力，也就是記憶力，才是讓你的工作能力迅速提升，幫助你在今後的時代存活的「最強的商業技能」。**

「記憶」是離你最近，你卻還沒有去運用的財產。

常言道「當局者迷」，或許就是因為記憶離我們太近，所以我們才未能察覺到它能為我們做什麼吧。

不過，只要閱讀這本書，就能提升記憶力與喚醒記憶，再加以運用，你的工作與人生將會截然不同。

但願本書能幫助大家改變人生。

二〇一七年　春

宇都出　雅巳

第1章

記憶是
一切的根源

記憶為何重要？

搜尋引擎不會告訴你「該搜尋什麼」

在讀完「前言」之後，應該不會有太多人立刻感嘆：「原來是這樣！記憶真的好重要啊！」

大部分的人應該還是覺得：「畢竟，只要在網路搜尋一下，就能找到需要的資料，何必辛苦記住那麼多東西。」

但就算什麼都能搜尋，所以不需要特別記住，重點還是在於「要搜尋什麼」。

這聽起來很理所當然，但是搜尋引擎不會告訴你「該搜尋什麼」。

因為該搜尋什麼，是由你，也就是由你的「記憶」決定的。

許多人覺得，當各種資訊在網路流通和分享，資訊落差會縮小，但其實資訊落差反而更容易擴大。

正因為如今是什麼都能搜尋得到的時代，所以知道「該搜尋什麼」，會拉開人和人之間的差距。

這是什麼意思？讓我以資訊的集合體，也就是「書籍」來說明。

年輕人或許很難想像，但上個世代的人想要學習某個領域的專業知識，很難找到相關的書籍，就算想知道有哪些相關書籍，也很難取得這個資訊。

能做的只有去大書店的書架找書，或是跟出版社索取新書或文庫的目錄，不然就是去圖書館翻閱卡片目錄。

如果要進一步吸收相關知識，就只能在讀完書之後，繼續從書本最後列出的「參考文獻」尋找相關書籍，一步步接近知識的核心。

而且就算找到了想閱讀的書，也沒有那麼容易取得。

就算跟書店訂書，等個一兩週也是稀鬆平常的事，就算要跟圖書館借書，也必須耗費不少時間查詢，才能知道圖書館是否收錄了你要的書籍。

但現在的情況是？

只要在書店或是圖書館的網站搜尋一下，立刻就知道出了什麼書。而要拿到書也很容易。如果是大型的書店，那就確認一下附近的門市有沒有，或是直接在網路書店下單，或是到圖書館的網站去預約，就能取得新書。

比起前一個世代，如今的確能以難以置信的速度，不費吹灰之力取得需要的資訊。

網路讓人與人之間的差距不斷擴大

上述的情況當然不只在書籍發生。

許多大學課程都在網路上免費公開，也有許多研究論文都上傳到網路，所以能立刻閱讀論文的內容。

這對於知道自己想學習什麼的人來說，的確能比以前更快吸收所需的知識，而且還是以加速度的方式提升學習速度。

不過，對於不想學習，不知道該學習什麼的人來說，網路資訊或是搜尋引擎毫無用武之地，甚至只是讓他們打發時間，搜尋娛樂資訊的陷阱。

若問這樣會造成什麼結果，答案就是資訊、知識、能力、年收入、生活品質都將產生明顯的落差。

你的世界不只沒有變大，反而越縮越小

接著還要提一個在這個網路時代，很多人都沒有注意到的事實。

那就是網路看似放大了你的世界，但其實縮小了你的世界。

網路能讓我們接觸更多氣味相投、志同道合的朋友，但也很容易讓我們沉溺在同溫層之中。

同樣的情況也在網路搜尋上發生。

不知你是否知道，就算以同樣的關鍵字搜尋，每個人得到的搜尋結果不盡相同？

這是因為「個人化」這項機制在背地裡運作。電腦會根據你過去的搜尋履歷判斷你喜歡哪些資訊，再將「適合」你的那些資訊排在搜尋結果的前幾名。

這與亞馬遜這類電商網站提供「推薦商品」，是同樣的邏輯。

在這種機制運作之下，**你將不知不覺地被符合你價值觀的資訊、你熟悉的資訊、讓你很「舒服」的資訊所包圍，並且淹沒。**

思考事物的重點在於從不同的角度驗證同一件事實。成見、偏見都是思考的大敵。許多商管書都提過這件事，想必你也明白這點。

比起上個世代，這世上的資訊可說是增加了幾萬倍有餘，但不知道前述這項事實的人，看似接觸了大量的資訊，實則只接觸了類似的資訊。換言之，如果沒有積極地接觸不同性質的資訊，就容易囿於偏見。從結果來看，世界不僅沒有拓寬，反而是越縮越小。

人，是用記憶在看世界

我們的大腦也內建了前述的「個人化機制」，而啟動這個機制的正是「記憶」。

比方說，需要做出判斷或是決定時，我們會自然而然地注意支持這類判斷或決定的意見與資訊，也比較容易記住這類意見與資訊。

反之，那些與判斷與決定相悖的意見或資訊就容易被你忽略，也不容易被你記住。

簡單來說，**我們的記憶就像亞馬遜的「推薦商品」機制一樣，會自動推薦適合你的「理想資訊」**。

進一步來說，就算看到同一件事物，每個人看到的也都不一樣。

比方說，現在正在讀這本書，但是閱讀的體驗也會因人而異，而製造出這種「差異」的，就是我們每個人所擁有的「記憶」。

每個人腦中的記憶不同，讓我們體驗到不同的世界，而這些體驗又會形成不同的記憶，之後這些記憶又讓我們體驗到不同的世界……，長此以往，每個人的不同記憶就會讓差異越來越大。

因此，**如果你不主動去管理「記憶」，你很有可能反而被「記憶」管理與控制**。

一如前述，當網路普及，這類危險也將節節升高。

記憶在不知不覺中影響你

每個人的所見所聞與感受都不一樣

讀到這裡，大家可能已經對於「被記憶操控」這件事很驚訝，不自覺地慌張了起來。

大家應該想都沒想過，記憶居然會如此影響到我們的思考，但這也無可厚非。

因為，**我們就算不想回想某件事，記憶還是會讓我們想起那件事，而且我們甚至不知道自己已經想起它了**。

比方說，在閱讀本書時，你對文字的記憶會自動運作，所以你才能夠辨識文字，理解文字的內容，但平常你根本不會注意到這件事。

這在認知科學中稱為「內隱記憶」（implicit memory），也就是不想想起，卻會自

動想起，而且不知道自己已經想起的記憶，所以我們平常不會注意到記憶做了哪些事情。

到目前為止，你或許覺得自己是透過眼睛在觀察各種事物，透過耳朵傾聽聲音，透過雙手觸摸物品，但正確來說，一切都是透過大腦在觀察、傾聽與感受，而這些當然都與「記憶」息息相關，所以說人是透過記憶來觀察、傾聽、感受也不為過。

「上個月，我去了一趟夏威夷喲。」

在讀到這句話的時候，你是否發現，你觀察了自己的記憶，也聽到與感受到自己的記憶呢？

假設你去過夏威夷，你就會回想起當時的體驗，也會想起當時的風景、聽到的聲音、心情與身體的感受。

就算是沒去過夏威夷的人，也可能會想起在電視或雜誌上看到的夏威夷。

每個人從「夏威夷」這個字眼聯想到的影像與感受當然不盡相同。

意思是，就算聽到同一件事，每個人的感受也會因為自身的「記憶」而不同。

所謂的「理解」就是「與舊記憶產生新的相關性」

想必大家已經明白，我們如何觀察事物，如何判讀事物，以及如何體驗事物，都與記憶有著深切的關係。

不過，記憶的功能不止於此。我剛剛使用的是「明白」這個字眼，但其實在「理解」事物這件事上面，「記憶」也扮演了重要的角色。

最近，「思考力很重要」似乎變成熱門話題，就連大學的入學考試也不再只是需要知識，而是思考力。

那麼該如何培養「思考力」呢？又該如何鍛練呢？努力思考，就能培養思考力嗎？

我想大家已經知道我要說什麼。沒錯，說到底，思考也需要「記憶」。**所謂思考指的是不斷地翻閱既有的記憶，試著讓記憶連結或斷開，再組成新記憶的過程**。

所謂的理解或是「我懂了」，就是在眾多記憶之中，產生了新的相關性而已。

例如，當你想要了解某種新概念或是新知識，你的大腦會怎麼做，答案就是在既有的記憶之中，尋找與新概念或新知識的相關性，當兩者彼此連結，就會出現「原來是這樣啊」、「我懂了」這種體驗。

換言之，「思考」並非從零開始創造的行為。

要培養思考力，就要增加記憶量，讓記憶更有機會連結或斷開，藉此產生新的組合或相關性。

零基不代表「不使用記憶」

最近常聽到「零基思考」（zero-based thinking）這類說法。之所以會出現這種思潮，在於當我們囿於過去的體驗與知識，對事物的看法與想法就會僵化，就無法打破框架，無法贏得競爭，也想不到突破性的靈感。「零基」這個字眼很容易讓我們以為是要拋棄過去的體驗、知識與相關的記憶，讓自己「歸零」，但其實不是這樣，因為若真的拋棄記憶，就沒有可供思考的材料了。

那麼「零基思考」到底是什麼意思呢？其實就是為了創造新的相關性，讓那些透過前因後果或是故事連接的體驗、知識瓦解，打破「○○就是××」、「○○與▲▲無關」這種成見，或是斷開體驗、知識這類記憶之間的連結。

每個人都會不知不覺透過因果關係或是故事來串連所擁有的記憶，而當我們不這麼做，反過來**質疑既有的因果關係或故事，讓記憶盡可能地各自獨立，讓記憶的可能性最大化，就是所謂的「零基思考」**。

「零基思考」絕對不是叫你「忘記」或是「拋棄記憶」。所謂的「零基」只是叫你斷開記憶之間的「連結」而已，累積的記憶量仍是左右思考力的重要因素。

創意就是現有記憶之間的新連結

除了思考力之外，記憶也能幫助我們培養創意的發想力或創造力，這點我們將在第五章進一步介紹。

若問了不起的創意是否真的如此嶄新，當然不是。

那麼創意到底是什麼呢？答案就是**既有的事物之間的新連結**。連結本身是新的，但是位於連結兩端的事物卻是舊的，也就是既有的記憶。

如果既有的記憶之間的連結太過強韌，這些記憶就不會產生新的連結，也就不會產生創意，所以只有將既有的連結斷開、自由組合，才能無止盡地產生創意。為此，增加材料——記憶量也非常重要。

常言道，好的創意是從大量被拋棄的想法、沒被採用的點子當中誕生出來的。實情是，那些優秀的創意人、點子王，其輸出量都非常驚人。

而支撐這樣的「輸出量」的，就是輸入，也就是其所擁有的體驗、知識等等記憶。

由此可知，沒有「記憶」，何來思考力以及創造新事物的發想力與創造力呢。

記憶外部化會讓你的能力弱化

當大家知道「記憶」除了是記住東西，還會左右我們的思考之後，就會知道「將記憶交給網路」、「讓記憶外部化」是多麼危險的事了。

如果一味推崇讓記憶外部化這件事，放棄累積記憶，也不再主動探尋未知的世界，不讓自己的視野拓展至不同的世界，你的記憶將會變得十分空洞。

一如前述，一旦陷入上述這種狀態，你認知事物的能力、思考力，以及尋找靈感的能力也會越來越衰退。

由此可知，「想要什麼資訊，全都透過網路搜尋就好」或是「把記憶這項工作外包出去就好」都是非常危險的想法。

所有的決定都奠基於記憶

剛剛提到「我們會不知不覺地想起某段記憶」，但所謂的記憶不只是單純的資訊或知識，還包含過去的體驗與回憶，這些記憶都會不知不覺地浮現腦海。

這些記憶之間的相關性或連結都是由你賦予的。

比方說，「關於○○，我是這麼想」、「關於▲▲，我會這麼做」，當你這麼想時，你做決定的根據到底是什麼呢？

是的，就是記憶。

當你累積了大量的經驗與知識，而這些經驗與知識形成所謂的記憶之後，這些記憶就會像是某種思考程式或是決策流程，讓你決定「我要這麼想」、「我要這麼做」。

例如你的「價值觀」：你認為「○○非常重要」；還有所謂「真實的我」：你覺得「尊重○○，我才覺得我像我自己」。

但仔細想想就會發現，所謂的價值觀或是「真實的我」，都是基於自己以往累積的經驗、知識等等的記憶。

當然，也有基於「遺傳」這種形式的記憶，它會賦予我們「與生俱來的喜好」，但是當我們不斷累積強化「喜好」這種情緒或感覺的體驗，累積增強這類體驗的知識與記憶，才會覺得這些記憶如此重要與美好，才會產生尊重這類記憶的能量。

除此之外，「工作就該如此」、「人生就是這樣」、「金錢就是〇〇」這類你覺得理所當然的「信念」或「觀念」，追根究柢都是記憶。

比方說，當你記住父母親常用的字眼，長大之後，你的看法、想法與行動都很容易被這些字眼影響。

由此可知，**你是由記憶所形塑，就連現在這個瞬間也在累積記憶**。若不主動管理這些記憶，這些記憶也可能會越來越偏頗，你也很可能被這些記憶操控。

如果你滿足於現狀，隨著記憶浮沉或是被記憶操控也無妨。

不過，如果你不滿意現狀，那麼隨著記憶浮沉就是一件很可惜的事。

大家是否聽過以下這些古老的格言：

注意你的思考，因為它會變成語言。

注意你的語言，因為它會變成行動。

注意你的行動，因為它會變成習慣。

注意你的習慣，因為它會變成個性。

注意你的個性，因為它會變成命運。

意思是，主動控制與管理記憶，你的記憶就會改變，你的工作與人生也將跟著改變。

掌控記憶，就能掌控你的工作與人生

管理你的記憶

思考力、發想力、創造力、決策力、價值觀、信念⋯⋯。

想必大家已經知道，這些都與「記憶」有關了吧。這意味著，職場與人生都與記憶有關，也被記憶左右。

之後會依序介紹的是，除了上述這些之外，善用記憶能學到許多職場所需的能力與技巧，例如行動力、集中力、理解力，以及快速記住簡報內容、演講稿、別人的姓名以及大量資訊的技術，還能掌握說明事物的能力與實踐所學的能力，此外還能學會建立豐富人脈與人際關係的方法，以及培養領導能力。

換言之，懂得活用記憶，就能大幅提升你的「工作能力」，這也是為什麼「記憶力

是最強的商業技能」。

「活用記憶」不只是大量記憶事物，而是了解自己擁有哪些記憶，以及知道這些記憶對你造成哪些影響。

此外，為了讓事物朝著你想要的方向發展，就必須知道該累積哪些記憶，以及將記憶當成一種機制，了解控制這種機制的方法。

這就是「記憶管理」。

再重申一次，如果不去管理記憶，我們就只能被自己的記憶操控。如此一來，你將過著自以為是主角，卻只是被記憶操控的人生。

面對記憶，主動管理記憶、善用記憶，就能讓自己朝向理想的方向前進。

這種**「管理記憶的能力」才是真正的「記憶力」，試著培養與活用這項能力，就能主宰你的職場與人生**。

改變記憶，世界也將會改變

如果你對這個充滿階級落差的社會不滿，也想要逃出這個社會，你該做的不是追求谷底翻身的方法，也不該因為「我生來就是廢」而放棄自己。

一如前述，你對世界的看法，以及如何解讀別人的言語，擁有哪些心情或情緒，都受到你的記憶左右。

只要改變這些記憶，你眼中的世界就會改變，就算聽到同一句話，也會產生不同的解讀，你的心情、情緒都會改變，連帶著你的行動也會改變。

你的未來，取決於你使用記憶的方法。

第2章

記憶蘊藏著
改變人生的力量

為什麼語言能創造現實？

語言之力：「言靈」就是記憶力

到目前為止，大家應該已經知道管理記憶對你的工作或人生有多麼重要了。

管理記憶具有讓你的人生一百八十度大轉變的功效。

應該有不少人都聽過「言靈」（譯注：類似中文一語成讖的意思）這個字眼。

「語言具有創造現實的力量」

「人生將因為你使用的語言而改變」

「改變口頭禪，你的人生也將改變！」

市面上有許多這類內容的書籍。

比方說，以長年佔據日本繳稅排行榜第一名而出名的齋藤一人就曾經說過，不斷地默念「我很幸運」，就真的能帶來好運，還有源自夏威夷的「荷歐波諾波諾」也是類似的咒語。「荷歐波諾波諾」就是默念謝謝、我愛你、請原諒我、對不起這四個詞，為自己帶來幸運，解決問題的方法。

曾經一時造成熱潮的「吸引力法則」也是類似的概念。有些人或許會覺得這些「很詭異」，但不能就此斷言這類「語言能拉近現實」的概念都是假的。

只是實際上，並不是「語言」創造了現實。應該說是，**語言會影響我們的記憶，而記憶會影響我們的認知，讓我們看到想看到的現實。**

人、事、物、狀況以及這世上的所有事情會隨著我們的想法，而產生完全不同的解讀。

比方說，「身段柔軟的人」也可以解釋成「像牆頭草的人」。

還有，智慧型手機雖然讓我們的生活變得更方便，卻也因此讓更多人對它上癮，或是成為霸凌的工具。

失敗或許會帶來挫折，卻也是成功之母。

一如「塞翁失馬，焉知非福」這句成語，所有的事物都能解釋成好事或壞事。

決定要「如何解讀事物」的也是記憶。**不過，你使用的語言會決定讓哪一部分的記憶活化。**

以剛剛的齋藤一人為例，當他在心中默念「我很幸運」，那些幸運的記憶就會活化，也會覺得眼前的事情是「好事」。

接著心中的情緒就會改變，思考與行動也會跟著改變，最終行動會改變現實與創造結果。

決定如何解讀這個結果的也是記憶，影響這些記憶的是你使用的語言，所以才會說「語言能創造想要的現實」。

由此可知，**所謂的「語言之力」其實就是「管理記憶，創造結果」的力量**。

促發效應的驚人效果

認知科學的種種實驗已經證實語言會影響記憶，進而影響我們的思考與行動。比方說，紐約大學的約翰・巴赫（John Bargh）、馬克・陳（Mark Chen）與拉拉・伯羅斯（Lara Burrows）曾進行以下的實驗。

他們請擔任受測者的大學生，依考卷上隨機排列的單字完成文章。考卷分成兩種，一種是「強迫」「大膽」「失禮」「造成別人困擾」「防礙」「打擾」「侵害」這類單字，另一種則是「尊敬」「體貼」「感謝」「忍耐」「服從」「客氣」「有禮貌」這類單字，每位受測者會拿到其中一種考卷。

結果這兩種考卷上的詞彙，對於受測者的記憶、思考、情緒與行動，造成哪些影響呢？

在兩組受測者寫完考卷後，遇到了下列的情況，也產生了不同的行動。

受測者在結束測驗後，就接到指令，要前往走廊盡頭的房間，與這項實驗的下一位負責人對話。不過，在他們走到房間的門前時，發現負責人正在與下一位受測者對話，沒空與他們交談（順帶一提，負責人與下一位受測者都是事先安排的暗樁）。

在這種情況下，第一組拿到寫滿粗話考卷的受測者，平均五分鐘就會打斷負責人與下一位受測者的對話，反觀另一組看到與禮貌有關單字的受測者，則有八二％的比例，過了十分鐘也不打斷他們的對話。

這項實驗證實了「閱讀詞彙」這個行為會對後續的思考與行動造成影響，而這種影響又稱為「促發效應」（priming effect）。

從這項實驗的結果可以知道，我們平常的所見所聞以及使用的語言，都悄悄地影響著我們的思考與行動，這不禁讓人覺得又驚訝又害怕。

由此可知，就算我們沒察覺到記憶做了什麼，說得更正確一點，正因為我們無法察覺記憶做了什麼，所以才無法控制記憶。然而記憶的確對我們的思考與行動造成了深刻的影響。

改變人生的關鍵，就是面對那些驅動自己的記憶

改變程式吧

前面提到了源自記憶的促發效應。一想到「記憶會悄悄地影響我們」，有人可能會覺得很恐怖。

但反過來想，如果能活用這個促發效應，就能改變每天的行動，如此一來，豈不是就能改變人生嗎？

有些人或許「在挑戰新事物的時候都會產生負面思考，也會很猶豫」，有些人可能會因為「不知道未來會發生什麼事，所以無法享受當下的一切」，有些人則「總是對任何事情都很悲觀」或是覺得自己「人生不順遂，很不走運」。其實只要知道管理促發效應的方法，就能解決上述這些煩惱。

我不是說學會這個方法就能直接改變現實，而是學會管理記憶的方法，就能控制我們的思考和情緒，也能改變每天的行動，一步步改變現實。

所謂的記憶就像是某種電腦程式，我們每天都是遵循這個程式（記憶）在過日子。

這個程式會不斷地根據源自本身的思考、行動，以及來自周遭的人、環境的反應與結果而改變，再形成新的程式，然後在我們不知不覺之下反覆地執行。

我們無法刪除這個程式，也無法讓這個程式歸零。只要我們還活著，就一定會對刺激做出反應，而這些反應也是我們活著的證據。

不過，**唯有當我們觀察這個程式會因為什麼而開始執行，又會如何執行，以及會造成什麼影響，我們才有辦法讓這個程式暫停，或是將這個程式改寫成其他的程式。**

要讓這個既有的程式中斷或改寫這個程式會耗費許多能量，因為人們討厭改變。

此外，當程式開始執行，就會產生情緒，而當我們被這些情緒牽著鼻子走，就無法客觀地觀察這個程式，而是陷入這個程式之中。

如果將這個狀況比喻成沉迷於電玩，應該就比較容易理解。

我們都知道，電玩的世界與現實的世界明顯是兩個不同的世界，而這個在我們的人生之中執行的程式，就像是徹底透過五感進行的虛擬實境遊戲，所以我們當然難以置身事外。

看過電影《駭客任務》的人，應該就會知道觀察自己的記憶（程式），不讓記憶操控自己，就像是把插入我們的身體內，驅動我們的「插頭」拔掉一樣。

就某種意義而言，這等於是從那個被記憶操控、什麼事都交給別人的快樂世界，逃到根據自己的選擇改變記憶，同時得負起責任的嚴峻世界。

要管理記憶就得管理自己

了解驅動自己的記憶（程式），再自行觀察記憶、中斷記憶與更新記憶。

這是能讓你按照自己的意願而活，終極的解決方案。

因為**不管學了再多的技巧或知識，要利用這些技巧或知識創造結果，說到底還是得懂得管理「記憶」**。

就算學了相同的技巧或知識，要活用還是扼殺，全憑你的「記憶」決定。能否管理記憶，將讓你得到完全不同的成果。

不過，記憶沒那麼容易管理。

因為不能怪罪別人和環境，也不能以自身能力或努力不足為藉口，而是要面對那個在你不知不覺時不斷運作的記憶（程式），然後試著改變它。

因為管理記憶代表你要負起所有責任，所以你不能再為自己的言行找藉口。不過，管理記憶將讓你的人生從根本改變，這個，才是真正需要你投身其中的自我啟發。

活用「後設記憶」觀察自己的記憶如何運作

那麼該如何管理記憶呢？

第一件該做的事就是**了解記憶的運作方式，也就是觀察自己**。

請仔細觀察自己的思考與情緒的變化，以及觀察自己的行為模式。這些都是記憶的表徵。透過這些記憶的表徵觀察發生了什麼事，以及觀察自己得到了什麼，又失去了什麼。

比方說，試著觀察「我知道宵夜吃拉麵不好，但還是常常忍不住」這種思考或情緒的轉折，以及行動模式。

比方說，當你與同事在居酒屋喝完酒之後準備回家。

走出電車的瞬間，想到了車站前面那間拉麵店，不由自主地停下了腳步。

此時，豚骨拉麵的濃郁滋味在口腔浮現。

「這樣會胖，最好不要再吃拉麵喔」，一想到老婆的提醒，整個人就清醒過來。

當你告訴自己「好險，好險，差點就跑去吃拉麵了」，並且往自家的方向走了幾步，結果沾滿湯汁的麵條的口感又變得鮮明，讓你更想去吃拉麵。

雖然你聽到「今天還是別去吧」這個內心的聲音，但還是向右轉，邊往拉麵店走，邊拿出錢包，看看身上帶了多少錢。

「沒關係，沒關係」，接著你聽到這個內心的聲音。看到拉麵店的招牌後，便握緊拳頭，決定「管他的！吃吧」，結果就真的吃了拉麵。

請試著這樣仔細觀察。或許一開始會變得情緒化，無法冷靜地仔細觀察。

但是慢慢地，你就能學會觀察自己的行動、思考以及情緒的微妙變化，也就會明白這一切與過去的記憶有關。

如果從現在的行為模式能得到很多好處，而且這些好處也多過壞處的話，那麼維持現在的行為模式即可。不過，如果壞處大於好處，而且你也能真正面對這個事實，那麼你的大腦自然就會修正記憶，改變你的既有模式。

在認知科學的世界裡，這種凝視自身思考、情緒的變化，觀察自身行動模式的能力，稱為「後設認知」。

其中最重要的就是「後設記憶」。**後設記憶是後設認知的一部分，也就是掌握「自己記得什麼」的能力**，也可形容為凝視自身記憶的能力。

許多人一聽到記憶，就會想到大量背誦或是避免遺忘某些事物等等，但其實真正重要的是「後設記憶」。

只有活用後設記憶才能觀察自己的記憶，變更驅動自己的程式。

改變記憶的程式，培養行動力

具備「行動力」的人有哪些行動習慣？

接下來以「行動力」為例，具體說明上述的內容吧。「缺乏行動力」可說是許多人的煩惱。

「我知道只要動手去做就好……我真的得振作啊！」或許有些人會如此自責。

反之有些人則會責備別人：「明明只要動手去做就好，那傢伙真的有心想做嗎？」

不過，就算如此抱怨，也無法培養「行動力」，沒辦法培養立刻採取行動的習慣，因為這跟「記憶」也有關係。

其實要培養行動力，就得先觀察自己的思考、情緒與行動，了解自己的記憶如何運作，換言之，關鍵在於「後設記憶」。

所謂的行動力就是立刻採取行動的能力，也可說是拒絕迷惘與猶豫的能力。

那麼，具備「行動力」的人都擁有哪種記憶呢？

回答「具有立刻採取行動的習慣」雖然沒錯，但仔細觀察就會發現，具有行動力的人與缺乏行動力的人，會出現以下這個差異。

那就是「是否能夠正面面對該處理的問題」。

比方說，上司交辦了棘手的工作時，缺乏行動力的人可能會覺得「哇，這下死定了」，而緊張得無法採取行動。

反觀具有行動力的人不管遇到多麼困難的問題，也不會嚇得動彈不得，而是會先將問題拆解成多個部分，再試著從能解決的部分開始解決。

換言之，具備行動力的人與缺乏行動力的人的差異在於，是否具備「拆解問題」的行動習慣。

之所以會產生這種差異，在於長期以來累積的記憶。

比方說，具備行動力的人可能有過「將困難的問題拆解成不同的部分就會變得不難解決」的成功經驗，或是習慣將「先從能做的部分開始做」這個口頭禪掛在嘴邊，而這些都是深深烙在腦海裡的記憶。

反觀缺乏行動力的人則缺乏拆解難題、解決難題的成功經驗，所以養成「不採取行動」的行動習慣。很有可能一直以來，都累積了「不採取行動」的記憶。

長此以往，這些記憶就會越來越鮮明，導致這些人把「反正我就是做不到」、「不管我做什麼，都不會成功」的口頭禪掛在嘴邊。

大家明白兩者的差異了嗎？

想必大家在經過觀察之後，已經知道具備行動力的人與缺乏行動力的人的不同之處不在於能力，也不在於個性這類難以改變的差異。

只要了解這點，一直覺得自己「缺乏行動力」或是「羨慕別人很有行動力」的人，就能試著改變自己的口頭禪，以及試著踏出第一步，採取必要的行動了吧。

只要能採取行動，就能累積「採取了行動」的記憶，也就能稍微改變那個驅動你的記憶。

當你的記憶稍微產生改變，那麼在面對下一個難題時，就會比之前更容易採取行動一點，如此一來，又會對記憶產生影響，進而稍微提升你的行動力。

了解過去累積的記憶會影響現在的你，然後試著為自己帶來一些新氣象，就能管理記憶，讓你的人生朝向你想要的方向發展。

從「許願」開始改變行動與記憶

「話說回來，就算知道這個原理，我還是很難採取行動啊……」

或許讀到這裡，還是會有人如此抱怨。

不過，讓你如此抱怨的也是你的記憶。請大家務必記得，這些抱怨會成為記憶的一部分，而這些記憶又會讓你繼續抱怨。

就算會如此抱怨，也請大家回想一下，一邊閱讀本書，一邊希望自己「能夠採取行動」的心情，也試著將「能夠採取行動」這個願望說出口。

或許你一直都希望自己「能夠採取行動」，卻總是無法真的採取行動。不過，**這些願望或是言語能為你創造新的記憶，影響你接下來的願望、言語和行動**。

不斷地許願，不斷地將願望說出口，你的行動一定會改變。

「想要採取行動」的願望與言語會轉化為「採取行動」這個現實，進而累積成習慣，最終化為「行動力」。事實上，真的有這樣的循環存在。

你到目前為止累積的記憶量非常龐大，而這些記憶也都影響著現在的你，控制著你。

然而在現在這個瞬間，你能夠反過來影響這些記憶，哪怕影響的程度不大也好。

試著做自己真的想做的事情，試著往自己想去的方向前進。如果無法採取行動，就試著許願「我希望能夠做到〇〇」。許願也是一種行動，也會影響記憶的程式。

第一步試著說出自己的願望。現在立刻說出願望吧。

如此一來，你就會發現記憶是如何驅動你的，也就懂得如何面對記憶，慢慢地影響記憶。長此以往，你就不會只是被記憶驅使，而是能反過來驅使記憶。

第一步先面對自己的記憶

察覺自己的願望，再試著對別人說出自己的願望，然後稍微試著採取行動……這些步驟都會成為你的新記憶。

這些記憶會造就今天的你，明天的你，讓你一步步踏上理想的軌道。

容我重申一次，若希望改變自己，就得先面對多到數不清的記憶量，以及記憶的無與倫比的力量。簡單來說，你就是記憶的集合體，這些記憶操控著現在的你。

不過有一點要特別注意，**那就是不要勉強自己「成為人生的主角，負起一切的責任」**。

一如前述，你能對記憶造成影響，也能管理記憶。

話說回來，我們無法控制所有的記憶，你也無法隨心所欲地控制自己。

你該面對的不是你自己。其實本來就沒有所謂的自己，有的只是你的記憶，而能夠稍微影響記憶的只有你自己。

因此，你不需要成為記憶的犧牲品，也不需要對自己的思考、情緒與一言一行負起所有責任。

知道自己無法隨心所欲地控制自己，接受記憶對你的影響有多麼廣泛之後，開始觀察記憶的運作方式，再試著影響記憶。換句話說，試著與記憶相處就是試著「管理記憶」。

第3章

每個人都擁有絕佳的記憶能力

你，已經擁有良好的記憶力

沒有人記憶力不好

可能有些人讀到這裡會覺得「糟了，我的記憶力很差，所以沒辦法管理記憶」。不過，這純粹是誤會，**因為沒有人記憶力很差，也沒有人不擅長記憶**。

證據之一就是你現在能夠順利閱讀這些文字。你能夠順利地聽說讀寫，除了是長期累積的能力，也證明你具備記憶事物的能力。

如果是你擅長的或感興趣的領域，你還能記住一般人不知道的事情。

若以日常生活的例子說明，你應該比外地人更了解你住家附近的大小事才對。

或許你會覺得「這不是理所當然的嗎」，但這正是你具備記憶能力的證據。

如果你總是不斷地對自己說「我的記憶力很差」，也因此放棄挑戰新事物，那就太可惜了。

你已經具備記憶各種必要事項的能力，所以你唯一該做的事情就是運用這項能力，挑戰想挑戰的領域，累積該領域的相關記憶。

要挑戰新領域的時候，的確會缺少這個領域的相關記憶，所以可能會很辛苦。因為記憶是與現有的記憶結合而紮根，當你對該領域的現有記憶很少時，能與之結合的新記憶也不會太多，因此挑戰新領域才會那麼辛苦。

不過，當你不斷吸收該領域的資訊，你累積相關記憶的速度就會越來越快，就像是從坡道上方往下滾的雪球會加速變大一樣，所以就算是那些你覺得自己「記不住」的資訊，也只需要先吸收，就能以超越想像的速度，快速記住這些資訊。

你記得AKB48所有人的名字嗎？你記得客戶的臉與名字嗎？

許多人都覺得自己「記憶力很差」，但仔細一問才發現，很多人都記得別人記不住的細節或是知識。

比方說，有些覺得自己「記憶力很差」的人一看到AKB48成員的臉，就能立刻叫出名字。

對AKB48沒興趣的人應該會覺得這樣的人擁有「超強的記憶力」。

不過，明明能記住AKB48所有成員的名字，卻有可能記不住客戶端的負責人或是其主管的名字。就算記得姓，也可能記不住名字。

這是因為「記憶力很差」嗎？

明顯不是，對吧。

其實就是「因為喜歡，所以記得」。

我們會不知不覺地不斷想起那些感興趣的領域、擅長的領域、喜歡的領域，所以自

然而然會記住這些領域的大小事。

如果是AKB48的歌迷，應該沒有一天不會想起喜歡的成員的臉吧。至於客戶端的負責人……，應該很少人會莫名想起他的臉吧。「記憶力之所以會出現落差」，只在於平常會不會想起來的程度而已。

被譽為美國心理學之父的威廉．詹姆士（William James）曾留下一句名言，至今仍時常被引用：

「我們無法改善普遍而基礎的記憶能力。」

「咦？無法改善記憶能力？怎麼會……」或許大家會很驚訝。

不過請放心，因為他接著又說了下面這句話：

「我們具備讓各種對象產生相關性的思考能力，也擁有隨著這些對象的多寡調整記憶量的能力。」

這句話有點複雜與難懂吧。

這句話到底是什麼意思，那就是當我們在記憶新資訊的時候，新資訊會與既有的記憶產生關聯性，而我們的記憶能力會隨著既有記憶的量，以及與新資訊相關的記憶的量而增減。

具體來說，假設你很熟悉足球，而且對日本的J聯盟知之甚詳，就能輕易地記住與J聯盟相關的新資訊。

我們雖然無法強化「普遍而基礎」的記憶能力，但是當我們增加特定領域的記憶，就更容易記住該領域的相關記憶，換言之，記憶力就會增強。

有些人會把「那個人的記憶力好強」或是「我的記憶力好差」這類說法掛在嘴邊，但這種以普遍而基礎的記憶力來判斷記憶力的好壞，本身就是一種錯誤。

然而就如詹姆士所說的，我們雖然無法改善「普遍而基礎的記憶能力」，但是當我們記住特定領域的相關資訊，就能強化這部分的記憶能力。

記憶力的差異是如何形成的？

為什麼那個人總能記得別人的名字？

「不過，我總覺得記憶力還是有高低之分，像我就不太擅長記住別人的名字，但是同事A先生就能記得每個客戶的名字。我覺得他也不是熱愛工作的人啊……」

的確，身邊若有這樣的人，都會讓我們覺得基礎的記憶力有高低之分。

不過，仔細觀察之後就會發現，這種「記憶力」的差距源自十分單純的事情。

這類差距源自一個小動作。

具體來說，**就是「重複回想」這樣的加強記憶的小動作，這會在「記憶」造成差距，讓「記憶力」看起來有高低之分**。

其實大家下次在見到客戶的時候，可以試著在對話的過程中，反覆提到這位客戶的名字。

「○○小姐，今天真的謝謝您」

「△△先生，可以佔用您一點時間嗎？」

「××小姐，您覺得這個提案如何呢？」

像這樣在對話的過程中，刻意提到顧客的名字。

雖然對話時，省略對方的姓名也能正常對話，但問題在於我們太常省略了，所以才一直記不住對方的名字。

在對話的時候一直提到對方的名字，其實不會很奇怪，對方說不定會覺得你很重視他，對你產生好印象。

刻意地重複提到對方的名字，會比不這麼做的人更容易記得對方的名字。

我們之所以會覺得記憶力有高低之分，其實只在這點小動作的差異而已。

為什麼那個人總是能記住書籍的內容呢？

一如前面提到的人名，你身邊或許有些人讓你覺得他過目不忘，「總能記住讀過什麼內容」。

不過，與其說對方的記憶力很強，說不定對方一直在執行「重複」這個動作。

順帶一提，你為什麼會覺得「那個人總能記住讀過什麼內容」呢？或許是因為那個人總是能對書中的內容侃侃而談。

其實對方之所以能記得讀過什麼，就是跟這件事有關。

沒錯，這跟記住別人的名字一樣，對方總是在對話的時候，不斷地重複提到自己讀過的內容。

書籍的資訊量當然比人名來得多，所以不太可能全部記得，但是當這個人不斷地提及自己記得的部分，就能不斷地強化記憶。

常言道「最常傾聽你說的話的人，就是你自己」。

與別人分享內容，與重複說這些內容給自己聽是一樣的效果，而且對方也不只是跟你介紹他讀過的內容，也會跟別人分享一樣的內容。

當他不斷地分享這些內容，就會形成記憶，而當記憶整理得有條不紊，就更容易分享，也就更能侃侃而談。

而且這類人在讀書的時候，也會想著要跟誰分享書中的內容。

由於他們會邊讀邊想「這本書有沒有什麼地方能讓〇〇先生參考」，所以會更專心閱讀，也更容易記住。

由此可知，**記憶力之所以看起來有高低之分，其實是行動造成的差異而已**。

在看不見的地方形成差距

在對話的時候刻意提及對方的姓名，或是與別人分享讀過的內容，這種「一而再、再而三的複習」就會造成差距，而且，差距其實會進一步拉開。

這是因為**有些人不一定會說出口，只是在心裡不斷地反覆默想**。

比方說，在聽完演講或是開完會之後，每個人的行動都不一樣。

如果在每個人聽完演講回家或是回公司的時候，或是在開完會回到座位的時候，窺視每個人的腦袋，一定會發現明顯的差異。

有些人會一邊回想剛剛聽到什麼，然後不斷地思考「應該不是這樣」或「應該不是那樣」，有些人則準備與別人分享自己聽到了什麼，然後開始回想，或是拿出筆記整理思緒。

另一方面，有些人則是什麼都不想。

我們當然不可能真的窺視每個人的大腦，但這些在看不見的地方進行的行動會造成每個人的差距，也會造成記憶的差距，也可能造成不同的工作成果。

如果稍微花點心思在這個「回想」的行為，就能讓你更快速地成長。不要只是回想知識或經驗，而是要額外問自己以下這些問題：

「我從這件事學到了什麼？」

「如果要活用這次的體驗，應該記得什麼呢？」

「簡單來說，這本書到底在說什麼？」

試著問自己這些問題。

換言之，**從該如何應用的角度回顧體驗的事情或是學到的知識，就能賦予這些體驗或知識不同的意義，提升記憶的品質，以及強化記憶。**

在此以知名的鈴木一朗選手為例說明。

聽說鈴木一朗每次都會檢視自己的打擊。

據說某次他以為能打出安打，卻打成二壘方向軟弱無力的滾地球時，他一邊朝一壘衝，一邊反省自己的打擊。

結果在抵達一壘前，突然發現了為什麼，自此讓他的打擊有了突破性的進步。

就算是職業棒球選手，會每個打席都反省的大概也不多。一般只會為了打出安打而開心，或打出軟弱的滾地球而難過而已。

不過，一朗選手卻不一樣。他總是在每個打席結束後，甚至是在抵達一壘之前，利用極為短暫的時間反芻剛剛的體驗，試著從中學到東西。這可說是「一邊理解，一邊記憶」的過程。

像這樣在採取行動之後立刻回想，驗證一切是否符合假設，會有助於提升記憶的質與量，以及強化記憶。

大家覺得如何？每個打席都反省的人，以及比賽之後才反省的人，與一個月反省一次、一季檢討一次的人，誰的成長速度比較快呢？

應該是每個打席都反省，加強學習效果的人成長比較快吧。

在棒球之外，工作也是一樣。

不回想學到的知識或體驗的人，以及每次都不斷回顧檢討的人，抑或一邊反思，一邊強化學習的人。

就算吸收了相同的知識，經歷了相同的體驗，大家都知道記憶的質與量還是會出現明顯的差異，而這些差異又會讓我們從不同的角度解釋其他的知識與體驗，記憶的質與量就會以加速度的方式拉開差距。

簡單來說，就是要從體驗之中學習，然後一邊學習，一邊思考應用學習成果的方

法。在短時間內多回顧幾次，縮短回顧的間隔，就能讓自己快速成長。

拉開記憶差距的行動習慣也是記憶

想必大家已經知道，記憶的差距源自是否反芻學到的知識或體驗，以及是否養成了這種習慣。其實仔細思考就會發現，這類習慣本身也是一種記憶。

在對話的時候提及對方的姓名、與別人分享讀過的內容、不斷地透過反問強化學到的知識與體驗，這種行為模式本身就是一種記憶與習慣。

其實在前一章介紹「提升行動力」的方法時就已經提過，只要仔想想就會發現，那些所謂的「〇〇力」，其差距都是來自思考與行動習慣的不同，說得更精確一點，就是記憶所造成的差異。

結論就是，「記憶力」的差距也是源自於記憶的差異。

記憶力的差距就是「後設記憶」的差距

想必大家已經知道，你的記憶力能透過行動提升，而這些提升記憶力的行動又會形成記憶，而這些記憶又會成為提升記憶力的資源，進一步提升記憶力。

其中必要的是，與這些記憶相關的知識，以及了解記憶的狀態，也就是第二章介紹的「後設記憶」。

若說記憶力真有高低之分，那麼就是在後設記憶力出現了差距。

比方說，能夠正確了解自己記得什麼，不記得什麼，就能為了累積需要的記憶而採取必要的行動，最終就會變成別人口中「記憶力很強」的人。

反之，如果無法掌握記憶的狀態，就無法為了累積必要的記憶而採取應有的行動，最終就會變成「記憶力很差」的人。

要了解記憶的狀態，「回想」是非常重要的步驟。一邊回想，一邊提升記憶力，最終你的記憶力就會提升。

世界記憶力大賽冠軍所使用的記憶術

世界記憶力大賽參賽者的記憶力很普通？

讀到這裡，或許會有人想到：「之前曾在電視上看過一些記憶大師，那些人的記憶力應該與眾不同吧？」

應該有不少人都看過「世界記憶力大賽」這個節目，因為是NHK播放的節目。

這個比賽會讓選手記住隨機排列的撲克牌，或是記住一連串無意義的數字。

比方說，將52張撲克牌交給選手之後，選手居然能在幾十秒之內記住所有撲克牌的順序，這讓許多觀眾嘖嘖稱奇。

不管是誰，親眼看到如此神技，一定都會覺得「這些人的記憶力異於常人」。

不過，曾在世界記憶力大賽拿到不錯名次的艾德．庫克（Ed Cooke）曾經說過：

「我的記憶力跟大家差不多，我想所有的參賽選手大概都會這麼回答吧。」或許大家會覺得「能在幾十秒之內記住52張撲克牌排列順序的人，記憶力怎麼可能跟一般人一樣」，但事實上，他們的記憶力十分普通，平常也很容易忘東忘西，不會什麼事情都記得鉅細靡遺。

超強記憶術的祕訣是？

那麼他們到底是怎麼在幾十秒之內記住撲克牌的順序的？

答案就是「記憶術」。

走進大型書店會發現有一區是「記憶術」專區，其中擺滿了各種跟記憶術有關的書（我寫的書也在那裡）。

他們的記憶力並未異於常人，只是透過這類記憶術完成了一般人做不到的事情。

讓我再次引用剛剛介紹的美國心理學之父威廉・詹姆士的名言。

「我們具備讓各種對象產生相關性的思考能力，也擁有隨著這些對象的多寡調整記憶量的能力。」

其實艾德·庫克以及其他的「記憶大師」都接受過記憶術的訓練，掌握了讓每一張撲克牌與某種東西產生關聯的祕訣。

具體來說，他們所掌握的祕訣可分為兩種。

一個是，將每張撲克牌置換成具體的人物或動作的「轉換資料庫」。

另一個是，將撲克牌轉換為影像後，用來存放這些影像的「場所」。

超強記憶術的祕密①：活用場所的記憶

所謂的「場所」是指你家的玄關或是隔壁鄰居的家，或是隔壁鄰居的隔壁鄰居的家。

他們在大腦裡建立了52個具有順序以及用來默記整組撲克牌的場所，之後再將「每張撲克牌轉換之後的影像」放入這些場所（後面會提到，高手可以將一張撲克牌轉換成一個影像，所以不需要那麼多個場所）。

若問為什麼是「場所」，其實是因為，人類（包括動物）與生俱來就很擅長記憶「場所」這種有關空間的資訊。

動物想要活下去，就得記得哪裡有糧食，哪裡有敵人這類「場所」的資訊。這簡直就像是我們擁有「場所細胞」這種用來記憶場所的腦細胞！

如果要你回想從你家到最近的車站或超市的路線，你應該能精確地回想起這條路線上的景色吧？

這個情況不只在你每天走習慣的路發生，比方說，即使是最近才去過的地方，你也能輕鬆地回想起「出了車站先右轉」或「左轉」等等。

只要利用這些事先準備好的「場所」，就能輕鬆地記住52張撲克牌的資訊，完全不需要死背。

超強記憶術的祕密②：活用具體的影像

話說回來，就算能把每張撲克牌放在預先準備的「場所」，放的速度也得夠快，而且還要想得起來每個「場所」放了什麼。

如果只是記得撲克牌放在哪個「場所」，只要有一點差錯就會開始懷疑：這個場所放的是「紅心3」還是「黑桃3」？

此時的重點就是「轉換資料庫」了，它可以讓你清楚地區分每一張撲克牌，快速地將撲克牌放到「場所」裡，而且很容易能回想起來。

所謂的「轉換資料庫」就是將每一張撲克牌轉換成具體的人物或是影像的對應表。

比方說，「黑桃8」就是「湯姆漢克斯」。請試著想像一打開門，就遇到湯姆漢克斯的場景，這場景應該讓人印象深刻吧。

這些參賽選手看起來像是記住了所有的撲克牌，但其實是在大腦裡面將這些撲克牌轉換成某種影像，再將這些影像放到場所裡。

這個轉換資料庫當然需要背誦，也需要提升轉換速度，還得將轉換之後的影像快速放到場所裡，所以這些「記憶大師」每天每夜都在進行訓練，練習將撲克牌轉換成具體的人物或動作，再將轉換的結果放入場所。

這很像是利用單字卡背誦英文單字。

只要不斷地訓練，就能一看到英文，立刻想起對應的中文，一看到撲克牌，立刻想起對應的人物或動作。

超強記憶術是大量枯燥乏味的事前準備與訓練的成果

一開始會讓每張撲克牌與「湯姆漢克斯」這類具體的人物或是物品對應，然後將這些影像分別放入52個場所。

不過，如今的世界記憶力大賽的參賽者為了提升默背的速度，採用了更複雜的方法。

這個方法稱為「ＰＡＯ系統」。ＰＡＯ的P是Person（人物）、A是Action（動作）、O是Object（物品）。

這個PAO系統會對一張撲克牌賦予「人物」、「動作」、「物品」這三種影像。

比方說：

梅花11＝人物：福山雅治、動作：折斷、物品：吉他

紅心12＝人物：米倉涼子、動作：踩踏、物品：玫瑰花

黑桃13＝人物：堺雅人、動作：揮舞：物品：刀子

大致上就是依照這種方式，建構出一張撲克牌可指派三種影像的「轉換資料庫」，再記住這個轉換資料庫。

由於要默背的影像是撲克牌張數的三倍，所以記憶的步驟也變得更複雜。不過，只要事先建立這個轉換資料庫，就能在正式上場時，快速地記住52張撲克牌的順序。

至於實際的做法，假設有三張撲克牌，順序是「梅花11」、「紅心12」與「黑桃13」。

此時先將第一張撲克牌轉換成與之對應的「人」的影像，第二張撲克牌則轉換成與之對應的「物品」的影像，第三張撲克牌則轉換成與之對應的「動作」的影像。

以剛剛的例子來說，可得到「福山雅治（梅花11）」、「玫瑰花（紅心12）」、「揮舞

（黑桃13）」這個轉換結果，換言之，可得到「福山雅治揮舞玫瑰花」這個影像（編按：中文的語序為主—動—賓，而日文為主—賓—動，即賓語在動詞之前。若按照中文語法，上述三張牌應該依次轉換為：第一張對應「人」、第二張對應「動作」、第三張對應「物品」。即變成「福山雅治踩踏刀子」）。

如果順序是「黑桃13」、「梅花11」、「紅心12」，就會變成「堺雅人踩踏吉他」這個不同的影像（編按：依中文語序，則變成「堺雅人折斷玫瑰花」）。

然後將這個影像放入「場所」裡。

這套PAO系統可將三張卡片濃縮成一個影像，所以將影像配置到「場所」的步驟能減少至三分之一，就能提升默記的速度。

當然，這需要先記憶52×3＝156個影像，也得接受訓練，才能讓三張撲克牌的「人」「物品」「行動」快速結合成一個影像。

只要深入探討這種看似神乎其技的撲克牌記憶術，就會知道真的是台上一分鐘，台下十年功。這種撲克牌記憶術可說是事先整理相關的記憶與接受長時間的訓練，讓人能夠快速想起影像、操作影像的絕技。

由於你跟這些記憶大師擁有同等級的記憶力，所以只要經過訓練，就能做到相同的事情。

想必大家應該已經明白每個人的記憶力差距不大，而且你也具備了優秀的記憶力。

「記憶術」看似厲害，但不實用

剛剛介紹的「場所」與「影像」的「記憶術」的確很厲害，有些時候還能在職場上運用。

比方說，在無法抄筆記又得記住東西時，這種利用「場所」與「影像」驅動的記憶術就很實用，這部分也會在後面進一步說明。

不過，不是所有的商業場合都能使用這種記憶術。

這是因為記憶術通常只能用來記住「無意義的資訊」。

比方說，撲克牌的排列順序就是無意義的資訊，我們其實很難記住這種「無意義的資訊」，但也因為能快速記住這類很難默記的資訊，才會讓人覺得不可思議吧。

不過，我們在日常生活接觸的資訊幾乎都是有意義的資訊，所以不需要讓這些資訊與「場所」結合，也不需要轉換成「具體的影像」，只需要根據邏輯整理，以及與現有的記憶結合，就能輕鬆記住。

此外，世界記憶力大賽這類場合處理的資訊量也不多，反觀我們在日常生活接觸的資訊則有幾百倍、幾千倍，甚至是更龐大的資訊量。

比方說，在日常生活之中，最需要記憶力的就是學校考試或證照考試，此時需要記住的資訊量哪裡是一組撲克牌所能比擬的呢。

除了考試之外，公司的數據、工作流程、手冊、專業知識、商品知識、創造成果的方法，公司同事與客戶的相關資訊，就算是世界記憶力大賽的冠軍，也無法利用記憶術記住這些資訊。

反過來說，我們就算不會這種記憶術，也已經記住如此龐大的資訊，而且今後也將繼續記住其他的資訊。

到目前為止，已經說明了記憶會對你的工作或人生造成哪些影響，也說明每個人的記憶力其實差不多。

但前面也提過，如果不管理記憶，記憶就無法在工作中派上用場。

因此從下一章開始，要介紹應用和管理記憶的方法，幫助大家學會各種必要的商業技巧。

第4章

「工作記憶體」的管理方法

——工作效率提高10倍！

提升專注力的關鍵就是被稱為大腦筆記本的「工作記憶體」

減輕「工作記憶體」的負擔

每天都有忙不完的事，重要的工作怎麼樣都做不完，只好每天加班……。

總是動不動就滑手機，拖拖拉拉地完成工作……。

應該有不少人都有這類煩惱吧？

要解決這類煩惱，就需要具備許多商業人士都很重視的「專注力」。想要提升工作的效率與品質，的確需要提升專注力，但就算命令自己「集中注意力」，也不一定能訓練專注力。

其實專注力的重點也是記憶，而且是被稱為「工作記憶體」的記憶。

所謂的工作記憶體也就是近年來，在認知科學研究中特別受到重視的「大腦資訊處理系統」，也就是為了處理眼前的事物，暫存新資訊的區塊，這個區塊也被稱為「大腦的筆記本」。

比方說，我們之所以能夠與別人對話，是因為我們記住了對方剛剛說過的話。假設對方一說完，我們就忘了，就無法形成對話是吧？你或許覺得這不是理所當然的事情嗎？但這個理所當然奠基於剛剛提到的工作記憶體。

除了對話之外，這個工作記憶體也能幫我們暫存工作、作業所需的資訊。

工作記憶體的容量非常小

不過，這個工作記憶體有個很大的弱點。

那就是容量非常小。

美國知名心理學家喬治・米勒（George Armitage Miller）曾透過各種記憶實驗的結

果發現，人類能立刻記住的資訊（具有意義的資訊組塊）只有「7±2」個而已，他將這個數字稱為「神奇的數字」，並於一九五六年發表。

是的，人類能瞬間記住的新資訊就是這麼少，到了今時今日，這個神奇的數字甚至從7減少到4±1。

所以一旦新資訊大於這個量，我們就記不住了，這些資訊也將不斷外溢，變得雜亂不堪，不然就是許多細節被忽略，只留下粗略的資訊。

大家將這個現象想像成「作業台」或「辦公桌」就不難理解了。

名為工作記憶體的這個作業台很小，一旦擺放過多的資訊就會被堆滿，讓人無法進行作業，這與桌面太過凌亂，就無法工作是同樣的概念。

順帶一提，支撐這個工作記憶體的是「注意」。什麼是「注意」呢？請把它想像成一隻「手臂」。

當新資訊進入大腦，不會立刻與現有的記憶結合，所以工作記憶體會利用「注意」這個手臂，將新資訊與既有的記憶接在一起。

不過，同時能注意的量，也就是「手臂」的數量是有限的，所以工作記憶體的容量才會這麼小。

此外，這個名為「注意」的手臂除了會在暫存記憶的時候消耗資源，在持續注意某個對象時，也就是專注於某個對象時，也需要消耗資源。而且在思考的時候，也會需要這個「注意」。

所以當工作記憶體的負擔太大，集中力就會渙散，也就會開始失誤，作業效率也會因此下降。

反之，**若能盡量不讓這個工作記憶體承受重擔，讓它隨時處於清空的狀態，就能保持專注力，工作效率也會提升。**

那麼該怎麼做才能在工作的時候，不增加工作記憶體的負擔呢？

如何能有效率地購物？

想在工作的時候不造成工作記憶體的負擔，最簡單的方法就是隨手帶著筆記本或是

行事曆，隨時記錄資訊。

「咦？就這樣？」想必會有許多人難以置信，但這個方法非常有效。將大腦筆記本，也就是工作記憶體的資訊抄在實際的「筆記本」上，就能讓工作記憶體騰出空間。

讓我以一個簡單的例子說明。

請大家回想一下外出購物的場景。

假設你要去附近的超市購買萵苣、胡蘿蔔、納豆、雞蛋、豬五花肉、牛奶與洗衣精。

此時如果只用大腦記住這些品項，會如何呢？

我知道大家都能記住，但有可能會發生以下的情況。

走到蔬菜專區將萵苣放入購物籃後，去肉品專區找豬五花肉，結果忘記買胡蘿蔔，又回到蔬菜專區一趟，接著將納豆、雞蛋與牛奶放入購物籃，再前往櫃台結帳，結果忘了買洗衣精，又要跑去清潔用品區。

想必有人發生過這種情況。這種方式很浪費時間，又很沒效率對吧。

那麼先將要買的東西整理成清單又如何？

這麼一來，就不需要在店內來來去去，能夠有效率地買好東西，也不會有所遺漏。

其實差異就在於有沒有在工作記憶體上增加負擔。

前者為了記住該買的東西而讓工作記憶體承受負擔，根本沒有餘力去想「該怎麼規劃路線，才能快速買好東西」，所以變得要在超市裡來來去去。

反觀後者**則是將資訊記錄在外部的裝置，讓工作記憶體得以解放，既不會忘記該買什麼，也更有餘力思考路線，有效率地買齊需要的東西，說不定還能思考晚餐的菜色。**

由此可知，只憑記憶力記住要買的東西，也就是靠著工作記憶體記東西的人，與製作清單的人在購物耗費的時間以及效率都會出現明顯的差距，後者當然會比較快買完東西。

別記在大腦筆記本，而要記在真正的筆記本上

其實在商務的場合很常看到上述的差異。

比方說，與上司一起搭電車，前往拜訪客戶的時候，上司突然跟你說：

「下星期三的下午三點，〇〇株式會社的常務山下先生會來公司，麻煩你跟總務部的大西預約會議室。到時候我要跟山下先生說明新商品XX，所以在下星期一的下午三點之前，把型錄裡面沒有的規格以及每個訂單數量的折扣整理成摘要給我。」

此時能立刻拿出筆記本或是行事曆記錄這些交辦事項的人，與只說一句「我記住了」的人，工作效率會有明顯的差異。

這是因為上司的這些交辦事項包含了開會、日期、時間、出席者的公司名、職稱、姓名、會議室、談生意所需的摘要，以及製作摘要的期限。如果只憑記憶力記住這麼多資訊，工作記憶體就會負擔很大。

在只憑記憶力記住這些交辦事項的狀態下與客戶談生意的話，可能沒辦法專心對話，也會「忘了確認重要事項」或是「根本沒記住談生意的重點」，之後還得花時間一一確認。

就算順利談完生意，也可能忘了上司的指示。不管是哪種情況，都得事後再次確認，也會很沒效率。

在商業場合寫筆記，減少工作記憶體負擔的情況有很多。

比方說，幫不在座位上的同事接電話時，你會怎麼做？

有些人會把內容寫在便條紙上，再貼在同事的桌上，有些人則是記在心裡，等同事回來再告訴對方，兩者在工作記憶體的負擔可說是截然不同。

此外，把每天該做的事情列成清單的人，以及不製作清單，直接開始工作的人，專注力與工作效率都會出現明顯的差距。

工作記憶體的容量無法增加

讀到這裡，或許有人會覺得：「既然工作記憶體如此重要，有沒有什麼方法可以增加工作記憶體的容量？」

從結論而言，**增加工作記憶體的可能性很低**。

其實有些訓練宣稱「可以增加工作記憶體的容量」，但大家最好不要對這類訓練抱有期待。

這是因為，就算你在接受訓練之後，覺得自己的工作記憶體增加了，但那通常只是錯覺。

讓我先舉一個例子。

某位心理學教授曾做了一個實驗，測試受測者能否增加單次記住的數字。

就常理而言，我們都有先前介紹的「神奇的數字」的限制，所以單次能記住的數字最多不會超過7個，但是這個實驗的受測者在經過多日的訓練之後，最終能在短時間之內記住80個以上的數字。

可惜的是，這不代表工作記憶體的容量增加了。

受測者其實只是仿照前面提到的世界記憶力大賽的參賽者，使用了所謂的「影像聯想法」，他們將數字轉換成有意義的「影像」，再讓這些影像與既有的記憶結合。

當需要記憶的標的從數字換成英文字母，這些受測者的單次默記數量就變得與一般人無異，這也代表這些受測者的工作記憶體並沒有增加。

沒有筆記本，就記在「場所」裡

話說回來，如果手邊沒有筆記本該怎麼辦？假設此時接收到一些指令或是新任務，就會消耗你為數不多的工作記憶體。

其實這時候可以使用虛擬的「筆記本」。

也就是所謂的「場所」，這是一種利用空間進行的聯想法。

將事物記在空間裡，就能減少工作記憶體的負擔與維持專注力，提升工作的效率與品質。

那麼具體該怎麼做呢？答案就是使用第三章介紹的「世界記憶力大賽」參賽者用來記住撲克牌順序的「場所」與「影像」。

方法很簡單。

比方說，在外出時，客戶佐藤先生打電話來，請你「回到公司之後，把前幾天收到的資料的ＰＤＦ寄給他」。意思是，發生了「回到公司之後，將ＰＤＦ的資料用電子郵件寄給佐藤先生」這個工作。

這時如果不做筆記，就得消耗工作記憶體的容量。

因此，**先把這項工作轉換成能具體想像的影像，再將這個影像放在你非常熟悉的場所，也就是做筆記的意思**。

第一步，為了這類突發事件，將自己非常熟悉的場所（例如自家玄關），定義為「筆記空間」。

這個以場所充作筆記空間的虛擬筆記本的第一頁可以是「自家玄關」，第二頁可以是隔壁的「山田先生家」，第三頁可以是再隔壁的「停車場」。

接著，把想要放在這些場所的資訊轉換成具體的影像。

比方說，**想要記住「利用電子郵件將PDF的資料寄給佐藤先生」這件事，可以想像佐藤先生站在虛擬筆記本第一頁的「自家玄關」**。

如此一來就不會消耗工作記憶體，也能記住重要的工作。回到公司之後，只要翻閱這種「以場所充作筆記空間的虛擬筆記本」，就能想起：「佐藤先生站在自家玄關……，啊，對了，要把這陣子的資料轉成ＰＤＦ格式再寄給佐藤先生！」

有些人可能會擔心，「就算想起佐藤先生，也不一定能想起該做什麼事情」，不過記憶就像是埋在地裡的芋頭一樣，只要拔出一顆芋頭，就能接二連三拔出其他的芋頭，所以不需要擔心這點。

如果還是怕忘記，可以想像佐藤先生拿著一個紙箱，上面寫著大大的「ＰＤＦ」三個字，再將這個影像放在「自家玄關」。

如此一來，就能想起佐藤先生要求的東西是什麼，而且這種影像也比佐藤先生單單站在自家玄關更具衝擊力，也就更不會忘記這項工作了。

請大家務必輕鬆愉快地使用這種「以場所充作記憶空間的虛擬筆記本」。

此外，不太建議將需要在同一時間記住的多個項目放在同一場所，但如果已經不需要再記住（已經完成），就可以將其他項目的影像放進去。

如果是一般的商業場合，**大概只需要把從家裡到車站這段熟悉的路線當成存放影像的場所就夠了**。只要像這樣將資訊放進能立刻想起來的場所，那麼就算是無法立刻做筆記的場合，也能在不對工作記憶體造成負擔的情況下，迅速記住相關的資訊。

想專注於工作，就得利用一些方法取代工作記憶體的功能，減輕工作記憶體的負擔。

維持專注力、提升思考力——「理解」與「記憶」的力量

所謂理解，就是資訊的壓縮

前面解說了不造成工作記憶體的負擔，就能維持專注力，讓工作變得有效率。

其實還有一個方法能有效清空工作記憶體。

那就是**理解資訊**。

意思是，理解就能減少需要記憶的資訊。

所謂的理解就是濃縮資訊、壓縮資訊的意思。

「理解可以壓縮資訊？」可能很多人會有這樣的疑問。

因此就以簡單易懂的例子為大家說明吧。

雖然有點唐突，但請大家在5秒之內記住下列的英文字母。

「KMOCYLYTIOPO」

大家覺得如何呢？

是不是覺得：「蛤？怎麼可能記得住啊。」

那麼接下來的英文字母記得住嗎？

「TOKYO OLYMPIC」

是不是瞬間就記住了呢？

其實不管是「KMOCYLYTIOPO」還是「TOKYO OLYMPIC」，都是相同的英文字母。

但兩者卻有明顯的不同。

那就是「**KMOCYLYTIOPO」是無意義的資訊，但是「TOKYO O_YMPIC」卻是有意義的資訊**。

在此要請大家回想一下，剛剛默背這兩串文字的感覺。在默背「KMOCYLYTIOPO」的時候，是不是覺得腦袋很脹，已經塞滿東西的感覺呢？或是還沒背就覺得背不起來呢？

人類被大量的資訊嚇到之後，思考就會僵化。

這是因為在資訊量過多的情況下，工作記憶體會超載，思考迴路也會暫時停止運作。

簡單來說，這跟在電腦上同時啟動多個軟體，或是啟動專門處理影像這類大檔案的影像處理軟體時，電腦可能會當機一樣。

反觀在背誦「TOKYO OLYMPIC」的時候，應該會覺得只使用了一部分的大腦才對。

為什麼會出現這種差異？

那是因為當我們理解具有意義的字串，這種原本只是由一堆文字組成的資訊就會變成一個「組塊」。

比起分別記住每個獨立的英文字母，將這些英文字母整理成組塊，也就是一個單字，能讓工作記憶體大幅減輕負擔。

意思就是「理解就是壓縮資訊，減少資訊量的行為」。

進一步來說，「理解才是最強的記憶術」。

這就是「理解」的厲害之處。

因為記憶所以能夠理解，因為理解所以能夠記憶

前面提到，「理解」有助於記憶以及減輕工作記憶體的負擔，但**其實活用記憶也能提升理解力與思考力**。

想必大家都知道，理解力與思考力是非常重要的工作技能。如果能夠輕鬆地理解艱澀的書籍、資料或是全新的概念，一定能創造更理想的成果，也有助於職涯發展。

所以接下來要說明這個方法。

大部分的人聽到「理解」都會想到「透過邏輯理解事物」這個定義，但其實理解源

自與現有記憶的連結。

不管思考邏輯多麼正確，只要不知道詞彙的意思，或是文章的內容無法與自己的記憶產生連結，就無法理解事物。

換言之，理解事物的關鍵就是記憶，記憶的質與量會讓我們在理解力與思考力上出現差距。

許多人都將「理解」與「記憶」形容成水火不容的兩件事。

尤其將記憶置換成「默記」時更是如此，至於「死背」更有「不理解、硬背」的意思對吧。

不過就如前面提到的，「理解」與「記憶」其實是互為表裡。理解除了是最強的記憶術，要理解事物就需要使用長期累積的記憶。

也就是說，「因為理解才能記憶」以及「因為記憶才能理解」，兩者之間的確具有這種相輔相成的關係。

所以想提升理解力，就得創造「理解與記憶的相乘效果」。

這意味著「總之，非理解不可」或是「總之，非記住不可」這種偏頗的做法，非常沒有效率。

比方說，如果一直無法讀懂文章的內容，可以先試著記憶（記住）文章裡面的詞彙與句子，然後再慢慢理解。

反之，如果一直記不住（默背），就先找出看得懂的部分，就能慢慢記住內容。

像這樣一邊理解，一邊記憶，或是一邊記憶，一邊理解，就能同時強化記憶與加深理解……。

久而久之，記憶與理解的相乘效果就會越來越強烈。

第一步是熟悉詞彙

想要了解艱澀難懂的事物，第一步該做什麼呢？

答案就是**先熟悉詞彙**。

比方說，你正在閱讀陌生領域的書籍，接觸到許多從未見過的詞彙。

此時你很有可能因為這些陌生詞彙而腦筋打結，沒辦法看懂後續的內容。

一如前述，這就是「工作記憶體」滿載的狀態。這些第一次看到的專業用語耗盡了工作記憶體，沒有額外的資源讓你讀懂後續的專業用語解說或是說明。

此時不管你多麼努力地閱讀說明，也無法理解內容，因為這些內容無法與既有的知識結合。

要解除這種狀態可以試著先「熟悉」詞彙。

只要是用文字來表達的，例如新詞彙或新概念等，就算無法理解其中的內容，那些詞彙或文章也是能「讀」的。

遇到無法理解的詞彙或文章時，不要硬逼自己理解，而是要先讀個幾遍，讓自己熟悉這些詞彙或文章。

這種「熟悉」詞彙或文章的行為也可說是一種記憶。

或許大家會說「我不覺得這樣能夠讀懂內容」，但是不這麼做，就無法啟動理解的過程。

要理解困難的內容，第一步要避免「在閱讀詞彙或文章時，工作記憶體被佔滿」的狀況。

重複閱讀同一段不懂意義的內容，只會讓工作記憶體被佔滿，讓你無法思考。與其如此，不如抱著「先熟悉有哪些詞彙或內容」，跳過一些細節，先讀個幾遍。如此一來，再遇到這些詞彙時，就會得到完全不同的結果。

當我們讀到這類專業用語，工作記憶體就會被慢慢佔滿。所以我們要利用剩下的工作記憶體閱讀這些用語的說明，再將既有的相關記憶叫到工作記憶體中，讓這些記憶與這些用語的說明結合，才能理解這些用語。

如果無法理解「內容」就理解「結構」

有時候文章太過艱澀難懂，會讓我們怎麼讀也無法了解意義，此時還有一個方法能幫助理解文章的內容。

那就是「理解結構」。

「理解結構」是什麼意思呢？比方說，你讀到10行不太了解其意義的內容時，就把這10行的內容直接定義為「這是10行的內容」。

「蛤？這樣有什麼用？」我知道大家會很疑惑，但這跟「熟悉」詞彙的原理一樣，都是促進理解的第一步。

比方說，當我們將10行的內容定義為「長達10行的文章」，讓它暫時離開記憶體，之後重新閱讀這段文章時，就會有「啊，這就是那段很長的文章啊」的熟悉感。

此時工作記憶體會比第一次讀到這段內容時更有空間，也就能注意其他的細節。

比方說，就算無法了解這10行文章的內容，還是有機會看出例如「這段文章分成兩大要素」，能夠了解這段文章的「結構」。

久而久之，就能輕鬆且深入地閱讀艱澀難懂的內容了。

一旦工作記憶體騰出了空間，就有餘力注意前後段的內容，也能發現一些補充資訊，讓你有機會了解這段內容的意思。

就算無法一開始就理解「內容」，但通常能夠先了解「結構」。

而理解「結構」有助於減少資訊量，進而減輕工作記憶體的負擔，慢慢地就能更輕鬆地了解內容。

對別人「說明」內容就能理解內容

最後要再介紹一個促進理解的方法。

那就是對別人「說明」或是「闡述」。

意思是，就算不太理解內容，也要試著簡單扼要地向其他人說明內容。

就算無法說得很清楚也沒關係。

因為當你準備說明時，大腦就會自動將資訊編成故事。

大家是否也有過在與別人交談時，突然發現「啊，原來就是這麼一回事啊」，才了解到事情的本質，有所領悟的經驗呢？

其實資訊無法單獨存在，這部分會在後面進一步說明。

我們接觸資訊之後，大腦一定會讓這個資訊與既有的記憶結合。

所以它會整理資訊，找出因果關係或是賦予資訊故事。

雖然這種因果關係或是故事常常不太正確，卻肯定能讓你更了解該事物。

加深理解的究極關鍵字：「簡單來說」與「比方說」

若想一邊向別人說明，一邊加深理解，還有絕對要知道的關鍵字。

那就是「簡單來說」與「比方說」這兩個關鍵字。

「簡單來說」有助於摘要資訊，讓資訊變得抽象，減少資訊量。

而「比方說」則可讓資訊解壓縮與變得具體。雖然這麼做會讓資訊量增加，但這麼一來，新資訊就能與現有的記憶，也就是過去的體驗或既有的知識結合，也就能加強記憶與輕鬆了解事物。

擁有理解力與思考力的人都懂得利用「簡單來說」與「比方說」反覆地壓縮與解壓

縮資訊，積極掌握事物的本質、原理與原則。

就算看到相同的現象，擁有理解力與思考力的人不會只看到表面，也會注意那些隱而未見的部分。

乍看之下，這個過程似乎很耗費心力，但是掌握本質、原理、原則、規則，除了可進一步了解眼前的事物，還能在其他的地方應用，就結果來看，等於節省了力氣。

除了上述的方法之外，在了解新事物的時候，可盡量將注意力放在新事物與其他事物的差異或是相同之處，例如可以問自己「這個是不是就是○○？」、「這與××有何不同？」、「這與□□是否有共通之處？」等等。

長此以往，知識與經驗就會不斷連結。由於記憶與理解都是一種「連結」，所以記憶就會深深烙印在腦海裡，也能進一步加深理解。

成為簡報與演講大師

大腦很擅長「約略地」記憶

大家是否有過在工作中進行簡報，或是在婚禮上致詞呢？有過這種經驗的人，是不是背講稿背得很煩呢？

明明才剛背過，卻很難在不看講稿的情況下，順利地講出來。有些人說不定會因此覺得自己的記憶力實在太差，罵自己「為什麼連這點內容也記不住」。

不過大家不需要為此自責。

就算你想按部就班記住簡報或是演講這類長篇大論，也很難記得住，而且這是理所當然的事情。

這是因為人類的工作記憶體一次最多只能記住7±2或是4±1的事物，這點在前面已經提過，所以就算要放入更多新資訊，這些資訊也只會溢出工作記憶體或是陷入混亂，只留下約略的記憶。

從大腦無法一口氣記住大量的細節，只能約略地記住事情這點來看，要正確記住簡報稿或是演講稿的一字一句，根本就違背了大腦的原理，是很愚蠢的行為。

那麼到底該怎麼做，才能記住大量的資訊呢？

其實有一種方法既符合大腦的學習原理，又能記住大量的資訊。**那就是活用「約略」記憶的方法**。

剛剛提過，「就算想將大量的資訊塞進工作記憶體，也只會留下約略的記憶」，但反過來說，如果是**「約略的記憶，就不會塞爆工作記憶體，還能留下一些資訊」**。

就算記不住細節，還是能大致記住簡報或演講的大綱對吧？

以婚禮致詞為例，應該多少能記住整體的架構才對，說得更精準一點，說不定早就記住了整體的架構。工作簡報應該也是同樣的情況。

只要先確認這種「約略的記憶」，再慢慢記住細節，就不會對工作記憶體造成負擔，也能以超乎想像的速度，輕鬆而確實地記住大量的資訊。

這就是接下來要介紹的「金字塔記憶術」。

將資訊轉換成一座「金字塔」

所謂的金字塔記憶術就是將資訊轉換成一座「金字塔」，也就是透過金字塔的結構來記憶資訊的方法。

在具體說明之前，請大家先回想一下「金字塔」的模樣。

接著請想像自己正站在金字塔最下層的石頭前面。

你的眼前有塊巨大的石頭，這塊石頭旁邊也是一大堆巨石，就算往上看，也只看到層層堆疊而上的巨石……。

說不定你會覺得這些巨石的數量多到嚇人。

那麼接下來不要由下往上看金字塔，而是由上往下，從正上方俯瞰金字塔。你可以試著想像自己正站在金字塔的頂點。

有懼高症的人可能會有點害怕，不過往腳下一看，石頭只有一塊，而這塊石頭底下有四塊石頭。

就算是由大量石頭堆疊而成的金字塔，只要像這樣由上而下俯視，應該就不會被石頭的數量所震懾。

由上而下或由下而上來看，石頭的數量當然都不變，但比起由下往上看，由上往下看更能完整地看到整座金字塔，也比較不會覺得石頭的數量多得嚇人。

這種「被震懾」的感覺就是當你準備記憶大量的資訊時，對工作記憶體造成的負擔。要吸收大量的資訊或是知識時，就必須改成由上而下的視點。

透過「階層」記住大量的資訊

那麼該如何透過金字塔記憶術，記住大量的資訊呢？

雖然有點突兀，如果有人突然要你記住256筆資訊，你應該會嚇得大叫「蛤？」對吧。

那麼，資訊量如果減到4筆又如何？

只有4筆的話，是不是覺得比較有可能記住，也真的記得住對吧。就算工作記憶體的容量不大，這數量也還在記得住的範圍。

只要能先記住，之後就能輕鬆地「反芻」這些資訊，也就能加深記憶。當記憶不斷加深，就能更輕鬆地回想，而當回想變得更輕鬆，就更容易反覆回想，記憶也將進一步深化……這種良性循環在前面也已經介紹過。

接著讓我們把記住的4筆資訊的第1筆再細分成4筆資訊。應該還是覺得「好像記得住」才對吧？

這是因為你已經牢牢記住一開始的4筆資訊。

雖然你還是得讓一開始的4筆資訊與新的4筆資訊結合，但只有4筆資訊的話，工作記憶體就不會被塞滿，也能反芻這些資訊，所以這些新資訊也會慢慢地烙印在腦海裡。

接著再依照相同的要領，將最初的4筆資訊的第2筆細分成4筆資訊。應該還是能記住這4筆新資訊吧？

由於一開始記住的資訊已經深深烙印在腦海裡，所以要與這4筆新資訊結合也沒那麼困難才對。

先前記住的4筆細分出來的資訊或許會慢慢遺忘。

此時可先反芻最初的4筆資訊，接著再反芻掛在這4筆資訊下面的小資訊，然後再反芻剛剛記住的4筆資訊。

像這樣一層一層往下記憶，就能減少工作記憶體的負擔，也比同時記住16筆資訊更加輕鬆寫意。

只要依照相同的要領不斷地一層層往下記憶，最終就能在短時間之內記住大量的資訊。

簡報稿或是演講稿也可以先記住約略的資訊，之後再慢慢地從細節著手。

換言之，只要活用金字塔這種一層層往下擴展的階層結構，就能輕鬆地記住平常怎麼也記不住的大量資訊。

有效率地記住書籍或文件的內容

「書籍的架構」已是容易理解與記憶的格式

剛剛介紹的「金字塔記憶術」可幫助我們透過階層的架構記憶資訊，而這個方法不只能夠用於簡報或演講，也能幫助我們記住大量的資訊。

尤其能幫助我們學習與記憶新領域的知識，或是證照考試相關應試書籍與文件的內容。

其實**金字塔這種階層結構與大腦的結構一致，所以才會成為幫助我們記住事情的利器**。

這種金字塔記憶術除了幫助自己記住事物，也能用來向別人說明資訊與知識，因為透過金字塔這種階層結構來說明，對方更容易記住內容與理解內容。

所以，**全世界的資訊或是知識幾乎都已整理成金字塔結構**。

以書籍為例，書籍的書名相當於金字塔的「頂點」。

下一層則有許多「章」。如果太多章，就會分成第1部、第2部等等。

此時「部」的標題就是第二層，如果沒有「部」，那麼「章」的標題就會是第二層。

「章」的底下，也就是第三層為大標（節），再下一層有可能會加上「小標」，例如本書也是如此編排。

小說這種類型除外，**像本書這種傳遞知識與經驗的書籍，通常都編排成金字塔的結構**。

或許是因為這種結構太常見，所以大部分的人都習以為常，但其實這種結構最能將資訊整理成簡單易懂的格式，幫助我們迅速理解與記憶。

養成參考目錄的習慣

為了吸收資訊、知識而閱讀書籍時，都可以利用目錄來掌握上述的金字塔結構，有效率地吸收知識。

因為看看目錄就能一眼看透這個金字塔結構。

各位讀者在讀書時，是否也會參考目錄呢？

該不會只利用「索引」找出想閱讀的部分吧？如果真是這樣，未免太可惜了。

如果你在讀書的時候，覺得讀不太懂內容或是不太想繼續讀，這時候能幫助你的就是目錄。

因為這時候的你已經在「資訊的大海之中浮沉」或是「被過多的資訊轟炸，產生彈性疲乏」。

此時的你需要能夠俯瞰這片資訊大海的高台，讓疲倦的身體與大腦稍作喘息。

目錄就是這座高台。

將「線性」的文章轉換成金字塔結構

由此可知，利用書籍的金字塔結構記憶內容，是活用大腦特性，快速吸收知識的學習方式。

但另一個不容忽視的事實就是，在閱讀內容特別艱澀的書籍時，很難實踐這種金字塔記憶術。

原因在於，**內容本身並非金字塔結構**。

其實語言的結構就像是「一條線」，若以專業用語來說，就是「線性」結構。想必大家都知道，早在文字發明之前，語言就已經存在，最初是幫助我們對話的工具。

所以由語言堆疊而成的文章也不得不變成「一條線」的結構。

意思是，就算整本書編排成階層的結構，說明內容的文章還是「一條線」。

想要有效率地吸收書籍的內容，在於能否將這種「線性結構」的內文轉換成適合說明知識的階層結構。

若問該怎麼做才能轉換結構，在語言的部分為「連接詞」，以及「書本」這種承載

語言的媒介。

比方說，以連接詞為例吧。一如在這句的開頭使用的「比方說」可以讓讀者知道，接下來要將前面的抽象內容轉換成具體的內容。

內文當然還是「一條線」的結構，但是在插入連接詞之後，內文就會變得立體，也更接近階層結構。

最能代表這種階層結構的就是「書籍」這種格式，因為書籍具有書名、副書名、大標與目錄這種結構。

換言之，書籍採用了適合傳遞知識的階層結構之餘，還透過線性結構的內文說明內容，所以就某種意義而言，書籍可說是一座橋梁，讓我們得以遊走於線性結構的內文以及階層結構的知識之間。

不過，就算加了大標，線性結構的內文並不會有任何改變。如果你發現一部分內容很難理解或是很難記住，建議大家不要再順著內文的線性結構閱讀，而是要找出內文的階層結構，一邊整理，一邊理解與記憶。

要做到這點其實一點都不難。

只需要「回想」讀過的內容就好。光是這麼做，就能將沒有標題的內文整理成階層結構了。

「回想」能自然而然將資訊整理成金字塔結構

其實回想的方法很簡單。

如果遲遲無法理解內文的意思，可以先停下腳步，回想前面讀過的內容。

一如前述，大腦的記憶「既簡約又模糊」，所以我們能回想的都是資訊的大輪廓，或是與現有知識具有某些相關性的資訊，這也意味著資訊量已大幅減少。

反芻這些稀釋過的資訊，就能幫助我們打造將資訊轉換成金字塔結構的架構。

一旦這種架構形成，之後就可以陸續放入更細膩的資訊，接著再透過回想的方式，打造下一個架構。久而久之，就能打造出完整的金字塔結構。

不過，在實踐這個方法時，常常會遇到「記不得半點內容」或是「什麼都想不起來」的情況。

說得更精準一點，大部分的人應該都是這樣才對。

不過這一切只是一場誤會。**我們之所以會有這種感覺，並非你不記得內容，而是大腦想要偷懶。**

大腦可說是「究極的省能源裝置」，而且總是想要偷懶。所以當我們想要回想某些內容，大腦一開始都會拒絕，不想讓我們回想。

此時你可以透過下列的問題反問自己：

「不可能連半點內容都記不起來吧？」

如此一來，大腦就會心不甘、情不願地開始搜尋殘存的記憶。

雖然無法翻出什麼細節，但只要曾經讀過，就一定會有一部分內容殘存，所以還是能大致想起一些內容。

只要不斷地透過這些殘存的內容打造存放資訊的架構，再讓這個架構與內文相關的資訊連結即可。

重複這個流程，就自然而然能將內文轉換成金字塔結構，也就更容易記住內容了。

第5章

聰明人都這樣連結記憶

——提高創意發想力、人脈力！

大量輸入資訊，慢慢地就能活用

利用「連結」與「重複」管理記憶

「我明明記得那個人的長相，卻一直想不起他的名字……」，大家是否很常在職場上遇到這種情況？

記住別人的姓名可說是非常重要的商場禮儀。

尤其對業務員或是服務業的人來說，記住對方的姓名絕對是與顧客建立人際關係的關鍵，但是當客戶或顧客越來越多，就很難記住每個人的姓名。

反過來說，如果能記住別人的姓名，在見到對方的時候，親切地問候對方，就能在做生意的時候佔得先機。

「就是記不住才會這麼苦惱啊……」或許有些人會這麼覺得，但其實是有方法解決的。

那就是本章要介紹的「連結」與「重複」，也就是所謂的記憶管理術。

只要學會這個方法就能大量記住姓名，還能提升發想力、激發創意、或是擴展人脈，學會各種締造工作成果的商業技能。

飯店人員記住5000位顧客的姓名、長相與公司名的方法

一開始要介紹一位記憶達人的小故事。

這是一個能記得5000位顧客的姓名、長相與公司名稱的飯店人員的故事。由於常有企業在他服務的飯店舉行會議，所以許多大企業的董事都會造訪這間飯店，而他總是能在顧客下車的一瞬間，想起對方的姓名與公司，親切地打招呼。

就算這是他的工作，能記住5000人的資料也太驚人了。

若問這位飯店人員是不是擁有異於常人的記憶力，那倒不是。

那麼為什麼他能做到呢？

那是因為他有一本記錄了顧客的姓名與公司名稱的筆記本，而且他會每天更新內容，同時每天回想顧客的長相，以便加深記憶。

「他只靠這麼簡單的方法就記住５０００位顧客的姓名與公司？」、「這種方法很花時間吧？」或許有些人會有這些疑問。

不過，他其實沒花多少時間去記這些資訊，也絕對不到嘔心瀝血的程度。

其實這是有祕訣的。

那就是，**不是只記住姓名和長相，而是連公司名稱一起記**。

「蛤？要記住的資訊變多，豈不是更難記住嗎？」我知道有些人會有這類疑問，但其實**「增加記憶量，更容易記憶」**。

記的東西越多，記憶越輕鬆

如果需要記的資訊變多，當然得花更多時間與心力記憶。相較於記住１００位顧客的姓名，記住２００位顧客的姓名當然更辛苦。

不過，比起只記住１００位顧客的姓名，記住１００位顧客的姓名與公司名更容易。

比方說剛剛提到的飯店人員，就是依顧客所在的公司來對顧客的姓名進行整理。

不過，因為「一家公司不會只有一個人」，所以公司的數量也少於５００家。

他就是利用「公司」這種大範圍的資訊來對顧客姓名進行了整理，才能輕鬆記住顧客的資訊。

這與前一章介紹的「金字塔記憶術」有異曲同工之妙。由於人名太多，光是要記住這麼多人名，工作記憶體就會被佔滿，但只要追加公司名稱這項資訊，就能輕鬆記憶了。

記住人名時，連同公司名一併記住的優點還不只如此。

為需要記憶的資訊加入相關資訊，有助於提升回想資訊的頻率與強化記憶，同時還能增加找到這些資訊的「線索」，讓我們更容易回想這些資訊。

這在認知心理學稱為「精緻性複誦」（elaboration rehearsal）。所謂的「精緻性」是指更詳盡、更仔細的意思，至於「複誦」當然就是「重複」的意思，也就是說，除了重複背誦相同的資訊，還要試著加入其他資訊，讓資訊變得更豐富。

相對於「精緻性複誦」的是「單純複誦」（simple rehearsal），也就是只重複背誦相同的資訊。

已有實驗指出，精緻性複誦比單純複誦更能強化記憶。

腦細胞喜歡串連

比方說，你在背誦人名時，除了追加公司名，又追加了出生地這類資訊。如此一來，相同出生地的人名就會透過「出生地」連結。

具體來說，當你想到靜岡縣出生的田中一郎，就會不自覺地回想「說起同樣是靜岡縣出生的人……」進而想起靜岡縣出生的鈴木寬，如此一來，不僅能想起田中一郎的姓名，還連帶活化（電流流過大腦的神經迴路的現象）了鈴木寬的姓名。

意思是，當你重複背誦田中先生的姓名，同時間也會不斷回想起鈴木先生，也就能在短時間之內加深記憶。

我們的大腦是透過由無數的神經細胞組成的神經迴路來記憶資訊，一般認為，掌握人類思考的大腦皮質至少有140億個神經細胞（神經元），而每個細胞都掛在幾千到幾萬條神經迴路底下，與其他的神經細胞連結。如果將神經細胞叢聚的部分切下來，一顆米粒大小，大概就有10億條神經迴路，這實在很令人驚訝吧。

其實到目前為止，科學家都還沒有解開大腦記憶事物的機制。

但是，一定是透過神經細胞的連結來記憶事物，所以要充分利用這套機制，就必須讓想要記憶的資訊與其他資訊產生連結。

我將這種資訊與資訊連結的過程稱為「關聯化」。

在記憶資訊時，讓那些與資訊相關的神經細胞與其他神經細胞結合，也就是促進關聯化，就會形成「資訊」的十字路口，而經過這個十字路口的資訊會增加，我們也更容易記住這些資訊。

像這樣讓已知的資訊與新資訊產生關聯性，就能強化大腦神經迴路的連結與加深記憶。

建立資訊的相關性不僅容易記住，更容易回想

賦予資訊相關性的好處不止如此。

添加相關資訊也能幫助我們快速想起已知的資訊。

其實理由很簡單，**就是周邊的資訊越多，就越能從不同的面向存取需要的資訊**。比方說，如果添加了公司名、出生地這類資訊，那麼就算從這條路想不起對方的名字，還可能從另一條路想起來。

有時候我們會怎麼想也想不起某件往事，但是當我們想起某個小插曲，記憶就會像是從地底拔出整串地瓜一樣，接二連三變得鮮明，我們想要回想的記憶最後也跟著復甦，想必大家應該都有過類似的經驗。

因此，像這樣回顧自己的經驗，讓記憶如念珠般串連，就能像是挖地瓜一樣，想起一連串的記憶。

資訊無法獨立存在

主動賦予資訊關聯性的確很重要，但其實就算不主動，這種關聯化的現象也會主動發生。

以學識淵博、編輯眼光獨到而聞名的編輯工學研究所所長松岡正剛先生曾經說過：

「資訊無法獨立存在。」

不管你接觸了什麼資訊，這些資訊都無法在你的大腦獨立存在，一定會吸引既有的記憶，與既有的記憶串連。

如果以人類比喻，應該就能更了解這是怎麼一回事。

「人無法離群索居。」

我們只要活著，就一定會與別人產生關聯，也會想與別人產生關聯，此時的關聯不一定都是友善的，也有可能是充滿敵意的……。

同理可證，你的記憶也不可能獨立存在。

不管你主動不主動，記憶就是會與其他的記憶連結。

你要讓記憶自作主張嗎？還是要利用之前說明的方法管理記憶，透過記憶讓你走向理想的道路？

建議大家活用資訊自動與其他資訊結合的力量，同時加以管理即可。

這次介紹了背誦人名的例子，但其實活用這種建立關聯性的方法，能幫助我們在短時間之內正確記住各種資訊，還能在必要的時候想起來。

主動讓資訊與其他資訊連結就能強化你的記憶，也能自由自在地大量輸入與輸出資訊。

提升發想力與創造力

優秀的創意源自大量的想法

想要在經濟成熟，東西很難熱賣的時代有所作為，就需要具備優秀的創意發想力與創造力，才能創造出前所未有的商品或服務。

之前第一章提過，發想力與創造力的基礎都是「記憶」，而再怎麼具劃時代意義的創意，說到底都只是現有的想法（idea）的組合。

所以只要能增加現有的想法，可供組合的選項也會跟著增加。

或許有人會吐槽：「就算增加再多想法，說到底，質還是比量重要吧？」的確，若是濫竽充數，只求數量的話，是無法催生優秀的創意的。**但是，要提升質，就得增加量。**

那些被譽為點子王、經營者、創新者的人，無一例外，每天都會催生大量的點子。

他們之所以能想出好的創意，在於他們儲存了幾十倍、幾百倍甚至幾千倍備而未用的點子，換言之，好的創意來自大量的想法。

為什麼「量會轉化為質」呢？

為什麼要催生好的創意，就需要大量的想法呢？為什麼量變會引起質變呢？

我知道「亂槍打鳥」的確有機會打中鳥，但是最主要的理由之一是，**將重點放在「量」，就不會囿於既定的行為模式與成見**。

前面提過，我們的大腦擅長吸收並記憶我們覺得舒服的資訊或知識。

如果放任這種現象不管，我們的知識、資訊與看法都會變得偏頗，只能憑著現有的框架思考，也就無法催生優秀的創意。

這是因為就算你要求自己「要想出好創意」、「想出前所未有的點子」，只要你自認的那個「什麼是好」的標準或「什麼是新」的標準搶先一步作判斷，你就只會陷入既有的記憶框架而動彈不得。

反之，當你要求自己儲存「大量的資訊」，就不會再思考「質」的問題。

乍看之下，「不思考質的問題」似乎是在偷懶，但其實這麼做能讓我們擺脫成見的束縛，催生大量的想法，所以要想找到前所未有的創意，就必須做到這點。

雖然聽起來很弔詭，但是當我們將重點放在「量」而不是「質」，反而能催生出優秀的創意。

就某種意義來看，這也是將注意力放在「量」，讓我們累積更多想法，擺脫「記憶」的束縛與成見的方法。

此外，要擺脫成見，**就要拓展視野**。

由於關聯化是記憶與記憶連結的過程，所以必須多吸收可供連結的資訊，這也意味著我們要常常提醒自己以更寬闊的視野收集資訊。

不要害怕，盡情地破壞自己的框架，拓展視野吧。

記憶是我們的創意之源，也是發想力的基礎，但同時也是我們的枷鎖，大家千萬別忘記這點。

創意豐富的人並非無意識地使用「記憶」，而是懂得管理記憶與活用記憶。

「提問」能自然而然建立關聯性

剛剛提過，優秀的創意只不過是既有記憶的新組合。

當然有時也是新資訊的結合，這當然也是建立關聯性的過程。

其實你不需要費力去結合資訊，因為你只要做一件事，你的大腦就會自動結合資訊。

這件事就是「提問」。

比方說，你可以不斷地問自己：「有什麼好方法能實現○○嗎？」、「為什麼那項商品會熱銷呢？」

這種提問很像是在網路的搜尋欄位輸入關鍵字，就會顯示相關的網站，大腦也會開始搜尋相關的記憶。

有時候當然無法立刻找到答案，但只要先提問，只要遇到答案或是與答案有關的資訊，大腦就會立刻捕捉這個答案與資訊，再讓這些答案與資訊與既有的記憶連結，也就是建立關聯性。

所以你不需要費力去連結資訊。

只需要不斷地向自己提問。

讓關聯性快速形成的是「轉換成提問的力量」

話說回來，每個人的「提問能力」都不同，有些人自然而然就知道該提出什麼問題，有些人卻不行。

若想知道這種落差是如何形成的，請大家回想一下，常常提問的人都是什麼樣的人？答案是立刻問「這是什麼意思？」或「為什麼？」的人。

應該有不少人都會想到一種人。

沒錯，就是小孩子。

你小時候應該也很常發問，而小朋友不知道的事情很多，所以總是會追著父母親、老師或是身邊的大人問「為什麼？」、「這是什麼意思？」對吧。

等到越長越大，知道的事情越來越多，就會變成滿嘴「啊，是那個對吧」、「我知道，我知道」，對事物與世界沒有任何疑問的「大人」。

反觀那些優秀的研究人員、經營者、創新者則無一例外，長大成人之後仍然問個不停，所以他們能從問題找到新的想法與創意。

不過，能這樣不假思索地不斷發問的人可說是少之又少，所以**大部分的人都得提醒自己要問問題，培養不斷向自己提問的習慣**，否則久而久之就會「自以為自己明白」而不再提問。

這也可說是管理記憶的一種方法。

那麼到底該怎麼提問才好呢？答案是先從形式著手。

就是先把任何內容都轉換成問題。

比方說，「轉換成問題是什麼意思？」也是很棒的提問。

如果不假思索就以為自己懂了，「『轉換成問題』？我懂我懂，」那麼一切就到此為止，無法在資訊之間建立關聯性。

我們該做的是**跟自己說「我可能還不太懂這部分」、「有些事情我可能還不清楚」、「我的想法也有可能是錯的」，不斷地對自己與眼中的世界抱持疑問，同時拓展視野。**

總之，先試著將任何內容都改成問題吧。

如此一來，資訊與資訊就會自動串連，也就能提升你的發想力與創造力。

建立關聯性也能建立良好的人際關係

一旦學會將任何事物都轉換成「提問」，會發生意想不到的好事。

那就是**人際關係會跟著變好**。

掌握了將一切事物轉換成「提問」的能力之後，不管面對任何事物都不會再「自以為明白了」，而是會以「喜歡還是討厭」、「對還是錯」的二分法去做出自己的判斷，而且也會以相同的方式判斷「他人」。

除了喜歡的人、氣味相投的人之外，連那些你本來覺得很難相處的人甚至是討厭的人，你都會慢慢地對他們產生好奇，會想知道對方「到底是怎麼樣的人？」試著與對方搭話，或傾聽對方的想法。

久而久之，彼此就能更了解彼此。

於此同時，也會更明白彼此在喜好或價值觀的差異，這樣一來，就有機會正視與理解這些差異，也就能找到與不同個性的人的相處之道。

由此可知，懂得建立關聯性，掌握將一切事物轉換成提問的能力，人際關係也會變得更好。

拓展人脈

建立人脈的重點也是「關聯化」

一如前述，只要善用「關聯化」這個機制，就能強化資訊與資訊之間的連結強度，也能順利地增加記憶。

此外，若能主動將一切事物轉換成「提問」，加速建立關聯性，就會對身邊的人更加好奇，有興趣的事物會變多，發想力與創造力會跟著提升，人際關係也會變得更好。

其實還有一項優點，那就是能提升商業場合所需的「人脈力」。

「記憶跟人脈有什麼關係？」我知道有些人會有這類疑惑，但其實記憶與人脈大有關係。

大家的身邊通常會有那種很擅長拓展人脈的人對吧？請大家試著回想那個人的樣子。

這類人都是如何建立人脈的呢?

所謂的人脈就是「人與人之間的聯繫」。

「如果撮合這兩個人,不就能做到那件事了?」、「這個案件的話,與那個人商量,應該就能想到不錯的點子吧?」、「〇〇先生的企劃若與××小姐合作,應該就能完成了吧?」將人與人,或是案件與人結合,就能創造協同效應(synergy effect)。

賓州大學華頓商學院的教授、組織心理學學者亞當・格蘭特(Adam Grant)所著的暢銷書《給予:華頓商學院最啟發人心的一堂課》曾描述那些想著「幫助別人、施恩於別人」的「給予者」的模樣,以及這些人成功的祕訣。

以下將介紹這本書提及的「給予者」之一的利弗金,說明他如何建立綿密的人脈。

利弗金的目標不在於交換價值,而是一味地「增加」價值。他的信念非常簡單,就是幫助別人,也就是「五分鐘的親切」。

「只要有五分鐘,就能對任何人親切,也能讓任何人開心。」

每當利弗金與人第一次見面時，都會不斷地向對方發問，尋找「給予五分鐘親切」的機會。比方說，你的職業是什麼？或是有沒有什麼煩惱，需不需要意見、建議，需不需要幫忙介紹人等等。

利弗金就是這樣利用一點點時間建立「關係」，才建立了廣大與綿密的人脈。

從這個小故事可以發現，**擁有廣大人脈的人，不只人面很廣，也很懂得撮合他人。**

進一步來說，這樣的人也很懂得人與人之間的組合。**換句話說，在建立人脈時，發想力、創造力以及「建立關聯性的能力」都顯得十分重要。**

每個人都會吸引別人，自然而然建立關係

一如建立關聯性就能組合大量的想法與提升發想力，在思考人與人的各種組合時，這種建立關聯性的能力也能讓我們懂得撮合不同的人。

一如記憶會喚醒記憶，讓新記憶不斷地增加，每個人也都會吸引別人，創造新的人

脈。

久而久之，自己與身邊的人，以及身邊的人之間會自發地聚集，人脈也會加速擴張。

換言之，**你將成為撮合他人的「黏著劑」**。

這些關聯性很有可能催生出令人驚豔的價值。

如果你也想拓展人脈，光是參加跨業種交流會這類大量交換名片的場合，是不夠的。

重點在於「建立關聯性」，在於一邊管理記憶，一邊不斷地問自己：「要實現這個創意應該跟誰商量？」、「誰與〇〇先生工作能發揮協同效應？」

像這樣管理存在於腦中的記憶，不斷地建立關聯性，就能拓展人脈，提升自身的價值。

第6章

優化記憶，提升「工作能力」的方法

——學習、領導、表達都能有所提升

讓學過的事情轉換成「實用的商業技能」！

你是否學了一身本領，又無法創造成果？

話說「記憶」分成短期記憶、長期記憶、外顯記憶與內隱記憶這幾種。第四章介紹的「工作記憶體」當然也是其中一種。靈活運用這麼多種記憶，就能學好各種商業技能。

本章要介紹與各種商業技能有關的「記憶」種類與分類，以及介紹優化這些記憶，提升工作能力的方法。

不知大家身邊是否有這樣的人呢？

「讀過很多商管書籍，也參加了許多講座與研討會，卻似乎對工作沒什麼幫助……」

明明熱衷於學習，卻總是無法創造成果。說不定你也是這樣的人。銷售技巧、行銷技巧、溝通技巧、簡報技巧、時間管理方法、目標達成法，明明學了一堆方法，也很了解這些方法，卻幾乎都沒有予以實踐，就算真的實踐了這些方法，只要一遇到挫折，就再立刻尋找新方法……。

這樣是無法拿出成果，也無法成功的。有時候這類人會被稱為「方法收集者」。

其實我年輕的時候，也是「方法收集者」。「難道這世上沒有什麼厲害的方法，或是更有效率的方法嗎？」由於我不想「白費力氣」，所以總是追逐著不同的資訊，結果只是白白浪費了大量的時間，徒勞無功。

我當然不是在說，學習新方法有什麼問題。

不過，就算你將一堆方法塞進腦袋，結果卻沒有創造工作成果，那豈不是成了坐在寶藏上的乞丐？

因此接下來要從「記憶」的觀點說明「為什麼不能只是學習方法，以及該怎麼做，才能利用學到的方法創造成果」。因為這些事當然還是與「記憶」有關。

讓所學轉換為成果的關鍵——「三種記憶」的管理術

在前面提到的各種記憶中，有如下「三種記憶」。

①知識記憶
②經驗記憶
③方法記憶

其實這「三種記憶」是讓我們擺脫方法收集者的關鍵。

①的「知識記憶」顧名思義就是「知識」，屬於各種方法或是從教科書、書籍、研討會學到的資訊。

這種記憶的最大特徵在於「都能利用語言表現」。

②的「經驗記憶」則是與個人的「經驗」有關的記憶。

比方說，你雖然還在讀這本書，但是「你記得你讀過這本書」也屬於「經驗記憶」。

經驗記憶包含能化為語言與不能化為語言的記憶。

另一個特徵則是一定以「我」為主詞。經驗記憶是只與當事人有關的記憶，所以一定會以「我做了〇〇」的形式表現。

③的「方法記憶」則與前面兩種記憶不同，**最大的特徵就是無法透過語言表現。**

若問方法記憶是什麼樣的記憶，比方說，「騎腳踏車」的記憶就是方法記憶。

請大家回想一下學會騎腳踏車時的感受。

你一定會回想起父母親或是兄弟姐妹在後面幫忙推腳踏車的情景吧？順帶一提，這種情景也屬於「經驗記憶」。

那麼，不會騎腳踏車的你與學會騎腳踏車的你，有什麼不同呢？

照理說，你「記住了騎腳踏車的方法」，但是卻無法以語言描述這份記憶對吧？這就是所謂的「方法記憶」。

方法記憶就是「用身體記住的記憶」，也是無法透過語言描述的記憶。

那麼那些方法收集者主要都使用哪些記憶呢？

答案就是「知識記憶」。

其實要利用所學的方法創造工作成果，除了需要知識記憶，還需要使用經驗記憶與方法記憶。

理解這「三種記憶」，同時活用與管理這三種記憶，就能成功地從方法收集者畢業。

「理解不等於做得到」

話說回來，方法或是技巧基本上都會以語言（有時會以插圖或照片）整理成「知識」，再以書籍、講座或是研討會的形式傳遞。近來也會透過網路以PDF檔案公布，或是透過電子書、語音教材、影片教材傳遞，但本質上是不變的。

這類知識通常是各領域成功人士、達人採取了哪些行動，得到了哪些結果的「經驗」，也就是所謂的「經驗記憶」，而在這些「經驗記憶」之中，那些能轉換成語言的部分就被當成「知識」傳遞。

其實在這類方法或技巧之中，有兩個部分是無論如何都無法說明清楚的，其中之一就是「無法轉化為語言的經驗記憶」。

比方說，上司想要傳授部下業務技巧，所以帶著他一起跑業務，或是在研修課程中讓部下實際演練跑業務的流程，讓部下就近觀察他跑業務的方法，這樣或許能將一部分的經驗記憶傳授給部下。

不過，這頂多只能將「能夠化為語言的經驗記憶」傳授給部下，**所有「無法化為語言的經驗記憶」都無法轉化為「知識」，移植到別人的腦袋裡。**

另一部分就是無論如何都無法轉化為語言的「記憶」。那就是「方法記憶」。

一如前述，**「方法記憶」是「透過身體記住的記憶」，也是不採取實際行動、累積足夠的經驗，就絕對無法記住的記憶。**

光是讀書，聽別人分享，從旁觀察別人的方式，應該不太可能學會騎腳踏車或是游泳吧。

其實大家只要回想一下自己的親身經驗，就知道這些技巧必須經過不斷地挑戰與失敗才能學會。

所以希望在學到知識，或是實踐某些技巧之後立刻創造成果，實在是錯誤的期待。

不管是多麼有條理的方法，只要無法轉化為方法記憶，就無法創造成果。

要讓學到的方法轉化為方法記憶，就必須實際採取行動，在犯錯的過程中學習。

這就是「理解不等於做得到」的意思。

商業技巧靠的是身體力行，而不是紙上談兵

沒有任何方法或技巧能跳過「親身實踐」這個環節

讀到這裡，或許有些人會想：「姑且不論騎腳踏車或是游泳這類會用到身體的技巧，商業技巧幾乎都只動腦不是嗎？跟身體有什麼關係？」

除了體育、表演藝術、工匠的技術，現代的工作大部分都以思考、企劃、溝通為主，所以常讓人覺得需要「透過身體學會」的部分很少。

但其實這是誤解。

事實上，不管是要學會哪種方法或技巧，都少不了「身體力行」這個環節。

因為在學習方法與技巧時，需要提升「體會事物的能力」，所以才少不了「身體力行」這個環節。

比方說，兩位影印機製造商的業務員都聆聽了潛在客戶的需求。一位是業績很好的「王牌業務員」，另一位是業績普普的「菜鳥業務員」。

在這兩位業務員與潛在客戶聊天時，潛在客戶突然提到：「最近好多人都在討論工作方式該如何改革，但是我們公司卻還是一直在加班啊……」

王牌業務員在聽到這番抱怨之後說：「您的意思是想提升工作效率是吧，那要不要我推薦一款影印與掃描都更快的機種，幫助您解決煩惱呢？」

反觀菜鳥業務員則只說：「我懂，我懂，我也每天都在加班，真的好煩喔。」

想必大家已經知道，**明明這兩位業務員聽到了同樣的內容，接收到的訊息卻不同**。王牌業務員聽到（感受到）的是顧客的需求，菜鳥業務員卻沒聽到（感受到）這點。這就是對事物認知的差異。

王牌業務員當然可以告訴菜鳥業務員「要傾聽顧客的聲音，從中找出顧客的需求」，以語言（知識）傳授重點。

不過，就算學到了這招，菜鳥業務員的業績也不可能就此急速增加。

在語言（知識）尚未落實為方法記憶之前，不管再怎麼實踐這個方法，也只會受限

於語言，導致身體無法實際採取行動，或是意識被語言限制，導致專注度下降。

比方說，大家是否遇過因為身邊的人給了很多建議，反而陷入混亂的情況？尤其是高爾夫球的世界有許多「好為人師」的人，也有人覺得這類人很麻煩。

業務技巧也是一樣，如果滿腦子想著「得找出顧客的需求不可」，就無法專心傾聽顧客的需求，也會錯過顧客話裡的弦外之音。

容我重申一次，方法記憶是靠身體記住的記憶，不管怎麼做，都無法讓方法記憶化為語言。

只有主動實踐相關的方法，累積相關的經驗，才能不費力地聽出顧客的需求。換言之，只有在身體力行之後，才有辦法創造成果，**所以透過身體吸收知識，讓知識落實為「方法記憶」是不可或缺的環節。**

不管是何種方法或技巧，厲害的人通常都能在極短的時間內，透過這些方法或技巧有效記住當下的重要資訊。

大家都知道，將棋或是西洋棋的高手能快速記住棋譜，至於足球、籃球或是其他優秀的運動選手，則能迅速記住場上選手的佈陣。

不過，這不代表他們擁有優秀的「記憶力」，而是他們擅長透過身體學會的方法記憶，了解當下的狀況。

這個原理也能於商業上應用。

認知科學家兼慶應義塾大學環境情報學部教授今井Mutsumi在其著作《何謂學習》（岩波書店）曾提到：

「被譽為大師的人之所以擁有驚人的記憶力，是因為他們擁有透過既有的知識去判斷當下狀況的『判讀力』，而不是記住現況各種資訊的記憶力」

「判讀力也是『辨別力』」

「大師能夠分辨出一般人無法分辨的模式差異」

從「專業的眼光」這個常聽到的字眼就可以明白，**厲害的人與平凡的人對於事物的看法與感受是不同的。**

這正是方法與技巧的本質。

如何讓方法或技巧落實為方法記憶呢？

要在工作上應用學過的方法或技巧，光靠「知識記憶」或「經驗記憶」是不夠的，還得讓這些方法或技巧落實為「方法記憶」，想必大家已經知道這點。

那麼該怎麼做才能讓方法與技巧落實為方法記憶呢？有什麼方法或技巧嗎？

唯一的方法就是大量實踐。

「蛤？沒有更輕鬆的方法嗎？」但是要讓知識轉化為方法記憶，這是唯一的法門。

不過，也不能毫無章法地實踐，否則有可能只是不斷重複相同的動作，累積了重複的經驗，這麼一來，增加的只有「經驗記憶」而已。

「方法記憶」是「讓事情順利成功的身體使用方式」，也是身體學會方法或技巧的狀態。

此時的重點在於檢視「自己的行動是否成功」，也就是回顧自己的行動是否創造了成果。正面檢討這點，再從中吸取經驗。

學習學半套，是無法讓方法與技巧落實為「方法記憶」的。

不斷地累積經驗、回顧經驗，再從中學習，「啊，我懂了，原來是這麼一回事啊」的瞬間終將來臨。

那就是無法化為言語的「經驗記憶」或是「方法記憶」滲入身體的瞬間。

像這樣利用**無法化為言語的「身體的學習能力」**，就能讓這些方法與技巧轉化為實用的商務技巧。

「內隱知識」的本質是「潛移默化的力量」

這種無法化為語言，「身體擁有的學習能力」稱為「內隱知識」（tacit knowledge）。

這是由匈牙利科學哲學家麥可·博蘭尼（Michael Polanyi）提出的概念，由於有不少商管書籍曾引用這個概念，所以有些讀者應該已經聽過。

不過，「內隱知識」常被用來形容無法化為語言的知識，若以前述的三種記憶而言，這個詞彙常用來解釋「方法記憶」，但其實原本的意思並非如此。**「內隱知識」的重點不在於「知識」而在於潛移默化的過程，也就是將重點放在「身體具備的學習能力」。**

東京大學大學院情報學環的西垣通教授，曾在著作《什麼是集體智慧？網路時代的「智慧」將何去何從》如此描述博蘭尼想要強調的概念：

「他想要強調的是主動整合自身體驗的『潛移默化過程』。他認為，這個過程蘊藏著催生知識的原動力。」

想要學會實用的商務技巧，以及實際在工作中應用這些技巧或方法，就必須讓這些技巧或方法落實為「方法記憶」，此時就必須透過身體發揮「潛移默化的能力」。

具體來說，**就是仔細觀察、傾聽與感受你的目標物、對象，以及你採取行動之後，帶來了哪些結果與影響。**

換言之，為了透過身體學會這些技巧與方法，就要盡可能大量取得第一手資訊（親身體驗）。如此一來，身體才能將「潛移默化的能力」發揮到極限，學到的方法與技巧才能落實為方法記憶。

不要成為一心培養邏輯思考的笨蛋！

此外，不管多麼徹底實踐方法與技巧，也不管是否已經落實為「方法記憶」，如果無法實際於職場上使用，就不算是實用的方法與技巧。

在被譽為日本MBA教育先驅的GLOBIS商學院擔任教師的山口周先生，在其著作《沉住氣，等待天職》曾經說過：

「近來在我的學生之中，似乎有人瘋狂地學習邏輯思考、批判性思考、費米推論法這類處理技巧，這著實讓我吃了一驚。與其說這些學生對商業有興趣，不如說他們對於解開以商業為題材的謎題有興趣，但是我想提醒他們，再怎麼訓練這些能力，也無法在商界創造『專屬自己的成果』。」

看到這段話，或許有些人會心有戚戚焉地覺得「這不就是在說我嗎……？」一如山口周先生所述，一旦把培養邏輯思考力當成目的，就會變得只懂得「解開謎題」而已。

就算把邏輯思考轉化為方法記憶，只要沒有實際在職場上應用，就無法累積邏輯思考力這種商務技巧的經驗，也等於是坐在寶藏上的乞丐。

這就像在電玩世界做生意做得風生水起，也不一定能在現實世界成功的道理一樣。

在實際工作的現場，總是會摻雜了各種因素，互相牽扯，其中也包含了用邏輯思考無法處理的考量或感情，但那有時候正是讓商務有所進展的原動力。

在這種情況下，「在什麼場合才能有效活用邏輯思考？」這是不管你上過多少課、受過多少訓練，都不可能知道的。

如果不能勇敢地跳入現實世界，那麼不管再怎麼努力，也有可能只得到「令人遺憾的結果」。

深化學習的框架

「學習四階段」與「三種記憶」

在各種說明人類學習步驟的框架之中，有一種是「學習四階段」。

①不知道自己做不到（無意識，無能力）的階段
②知道自己做不到（有意識，無能力）的階段
③只要用心就能做得到（有意識，能發揮能力）的階段
④不刻意也能做得到（無意識，能發揮能力）的階段

這是偏重知識的學習法達到了極限，開始重視經驗的「經驗學習」不斷增加的時候，才會開始使用的框架。

接下來要將之前介紹的「三種記憶」套入這個框架。

第一步是「①不知道自己做不到的階段」。

這算是還不了解該知識體系的階段，**也就是已經具備知識，但尚未予以實踐的階段，所以也可說是「不知道自己做不到的階段」**。有些人則認為這是誤以為「知道就能做得到」的階段。

比方說，看到騎腳踏車的人就覺得「看起來很簡單，我一下子就能學會」的狀態就屬於這種階段。

這屬於具備「知識記憶」，但缺乏「經驗記憶」與「方法記憶」的階段。

第二步是「②知道自己做不到的階段」。

這屬於實際嘗試後，發現自己做不到的狀態。也是累積了「知識記憶」與一些「經驗記憶」的階段。

順帶一提，明白「知道不代表做得到」這個道理的人，在吸收知識的當下就已經跳過①的階段，直接進到②這個階段。

如何面對「做不到」這件事是分水嶺

其實進到第二階段之後，「如何理解做不到這件事實」將成為學不學得會的分水嶺。

「做不到」會讓人覺得不舒服，所以大部分的人都不願意承認自己做不到。

這類人會反過來抱怨「這些方法根本不實用」，然後又追求新方法，所以又退回前一個階段，也就是「①不知道自己做不到的階段」。

反觀那些接受做不到的事實，期許自己「有朝一日能做得到」的人，就會不斷地挑戰，不斷地面對失敗，從中累積「經驗記憶」，讓這些經驗記憶轉換為「方法記憶」。

接著就能進入「③只要用心就能做得到的階段」。

由於此時已經知道自己「做得到」，所以漸漸明白做得到與做不到的差別。

這是經驗記憶不斷累積，不斷轉化為無法以語言形容的「方法記憶」的階段，也是發現新詞彙，累積「知識記憶」的階段。

不過，在這個階段裡，身體還沒記住這些方法與技巧，所以會在「③只要用心就能做得到的階段」與「②知道自己做不到的階段」之間徘徊。

如果能在這種狀態下努力不懈，不斷地累積經驗與實踐新知識，讓這些知識轉換成「經驗記憶」，就能透過身體具有的「潛移默化能力」將這些經驗記憶轉化為方法記憶。

一日學會，就變得「理所當然」

在不斷實踐之後，就會進入「④不刻意也能做得到的階段」。進入這個階段之後，一切就會變得很簡單順利，就像是在做某些理所當然的事情。

因為當方法或是技巧完全轉化為「方法記憶」，也就是透過身體力行的方式學會這些方法與技巧之後，它們就會變成身體的一部分，也會轉化為「判讀力」或「辨別力」，在無形之中發揮作用。

比方說，大聯盟的鈴木一朗選手知道「濕掉的球與乾的球在重量上的差別」。想要在球場上穩定發揮，除了需要將肩膀訓練得強而有力之外，更需要能夠隨時判讀狀況，正確地判讀對手的能力。

一朗選手之所以擁有能精準傳球的「雷射肩」，全因他具備仔細判讀狀況的「判讀力」。

此外，享有「橄欖球先生」美譽的平尾誠二先生也曾說過「正確傳球固然重要，但是何時、傳給誰、怎麼傳更加重要」。

姑且不論要求精準傳球的比賽，比賽的現場需要的是能正確快速判讀狀況的「判讀力」與「辨別力」。要培養這種能力，就只能透過實戰，不斷地體驗成功與失敗。

這個道理在職場上也是一樣。

像這樣一邊注意「學習四階段」，一邊管理「三種記憶」，正是讓學到的方法與技巧升華為實用商務技巧的不二法門。

透過「未來記憶」培養領導力的方法

領導者能清晰地描繪未來的景象

在本書的讀者之中，應該有不少人在組織裡擔任主管級的角色。雖然每個組織的大小不盡相同，但每一位主管都需要具備「領導力」。

不過，許多主管或領導者都有「不得人望」、「無法激勵他人」的煩惱。

這類主管往往會不由自主地學習「溝通術」或是「受歡迎的說話方式」，但是**要發揮領導力，要激勵別人，真正需要的是「願景」（vision）**。

因為目標如果不明確，不管話術多麼高明，多麼頻繁地與成員溝通，還是不知道該往哪邊前進。

其實這類問題也可以透過記憶解決，因為願景也是「記憶」。

能吸引他人、激勵他人的領導者無一例外，都相信「他帶領的團隊一定能成功」，擁有這種「強烈而鮮明的願景」。

換言之，這類領導者擁有對未來強烈的記憶（未來記憶）。

不過，未來就是「還未到來的現實」，所以要讓未來成為根深抵固的記憶，就需要無與倫比的想像力，否則光是因為手邊的工作忙得團團轉，或是在工作上出了一點小問題，就會讓願景產生動搖。

這樣的領導者是無法吸引人，無法激勵他人的。

為了避免這種情況發生，就需要強化未來記憶。

就某種意義而言，未來是一種虛無飄渺的東西，要強化對未來的記憶以及想像力，就需要運用「五感」，也就是全面動員五感，想像理想的未來到來的那一天，在腦海清楚地描繪在那天聽到的聲音、看到的景色、身體的姿態、心臟的跳動。

能做到這點時，那股從內心一湧而上的東西就是「感情」。

其實領導者在描繪願景時，最重要的元素就是感情。說到底，冷冰冰的願景根本就算不上是願景。

能吸引他人、激勵他人的領導者，不會把自己提出的願景當成一幅記在心裡的「畫」。而是**把願景當成已經實際體驗過的事情，或是帶著強烈感情的體驗**。意思是，這類**領導者會把願景當成已經發生過、體驗過的「經驗記憶」記在心裡**。

越是帶有強烈感情的經驗，大腦就越覺得重要，也更容易留在記憶裡。所以要讓還未發生的未來轉換成經驗記憶，烙印在大腦裡，對記憶來說，感情的重要性僅次於「重複」。

強化未來記憶的最強武器：「情緒波動×重複」

其實除了每天重複的事情之外，強烈的感動、震驚、悲傷、造成情緒大幅起伏的故事或是人、事物與場所，都會留在記憶之中。

一般認為，想要強化記憶，「情緒波動×重複」是有效的方法。「情緒波動」指的是情緒的起伏，情緒起伏越大，相關的記憶就越容易紮根。

未來記憶也是一樣，要讓未來記憶在腦海紮根，就需要讓情緒產生波動。

有些人或許會覺得：「真的能夠主動地對還沒發生的事情產生感覺，而且還讓情緒產生波動嗎？」

是的，是有可能的。我把這種現象稱為「情緒化手法」。

透過這種情緒化手法讓情緒產生劇烈波動的重點有三個，分別是「動作」、「擴大」與「放鬆」。

情緒化從動作（身體的動作）開始

要撼動情緒的第一個重點是「動作」，也就是身體的動作。

請大家回想幾個描述情緒的詞彙。

「一陣心痛」、「胸口劇烈起伏」、「胸口痛得快要撕裂」、「（心）七上八下」、「一肚子火」、「氣到腸子都快打結」……。

許多詞彙都與身體的一部分或是相關動作有關。

英文也是一樣，意思為「情緒」的emotion，與意思為「動作」的motion只有一字之差。

一如「Motion creates Emotion」（敢動才能創造感動）這句俗語，情緒與身體的動作是無法分割的。

所以要撼動情緒可以試著讓身體動起來。實際動動身體，真的比較容易讓情緒產生起伏。

比方說，在提出願景之後，試著想像自己負責的專案或是團隊的任務達成時的情景，然後做出勝利姿勢，也可以跟勞苦功高的部下握手，或是拍拍對方的肩膀。

如此一來，屆時有可能感受到的感動與喜悅就會湧現。

每天重複這麼做，未來記憶就會越來越具體。

「擴大」五感與情緒

讓情緒產生波動的第二個重點是「擴大」（amplify），也就是在利用第一個重點的

「動作」加強情緒之後，讓那些情緒進一步強化。

假設你提出的願景是「我們提供的商品與服務能讓失去自信、放棄夢想的顧客恢復活力，變得樂觀」。

要讓這個願景轉化為未來記憶，可先透過「動作」，也就是一邊讓身體做出動作，一邊想像願景實現之際的情景與感情。

進一步想像情景的細節，讓這些情緒進一步渲染，就是「擴大」。

比方說，你試著進一步想像願景達成時的情景。現場除了你之外，還有誰在？在場的每個人以及變得樂觀進取的顧客，都露出什麼樣的表情？

接著再想像當下聽到的聲音。聽到了誰的聲音呢？對方說了什麼？

你可以試著往對方的方向走去，仔細傾聽對方的聲音。

當你這麼做，就能在腦海裡描繪更細膩的情景。

宛如身歷其境地想像未來的情景與聲音，你的身體動作會變得更強而有力，你也能更鮮明地感受身體的反應。

如此一來，就能從身體的深處感受屆時湧現的情緒。

重點是放鬆、擴胸，讓身體與大腦變得靈活

讓情緒產生波動的第三個重點就是**隨時保持放鬆的狀態**。

一如前述，情緒與身體動作是連動的，一旦身體因為緊張而僵硬，情緒就難以產生波動。

一旦緊張，表情就會變得僵硬，連笑容都擠不出來。

所以要讓自己變得有情緒，就要讓身體隨時保持輕鬆，維持情緒容易起伏的狀態。

當然，因為要推動情緒化，就不宜在工作中壓抑情緒。

有些公司或許不太歡迎在工作的時候表露情緒，但如果總是壓抑自己的情緒，身體就會莫名變得僵硬。

如果你在這樣的環境下工作，建議你試著做做「擴胸」這個動作。

擴胸是指讓手臂向後拉，胸口往前推，進而深呼吸的動作。

被譽為生命中樞的心臟位於胸腔，一旦我們陷入緊張，就會潛意識地將雙手抱在胸前，肩膀也會莫名變得僵硬，藉此保護胸口。

擴胸則可以緩解緊張，讓自己放鬆。

隨時保持放鬆的狀態可以讓感官變得敏銳，未來記憶變得鮮明。

請大家務必試試看。

一邊讓情緒產生起伏，一邊描繪願景，想像願景已經實現，就能擁有不畏任何艱苦，帶領別人衝鋒陷陣的領導力。

能跟任何人相處的「內隱記憶」控制術

建立人際關係的關鍵在於「價值觀」

職場生活要順遂，與同事建立健康的人際關係非常重要。

此時的重點在於了解與接受「對方的價值觀」。一如「價值觀不一致」是非常常見的離婚理由，可見價值觀的確是左右人際關係的重要因素。

這點在商界也是一樣。

比方說，談生意的時候，能否看透顧客重視什麼，能否掌握對方的價值觀，再提出適當的建議非常重要。

不只是業務方面，只要是商業上的各種交涉事宜，了解自己的價值觀與對方的價值觀，再從中找出一致的部分，也非常重要。

想要激發部下或後輩的潛力，或是得到其他部門的協助，讓工作在公司內部順利推動，就得分享、尊重與接受彼此的價值觀。

不過，「價值觀」並非三言兩語就能說清楚，所以才很難理解，而且每個人的價值觀都不一樣，要包容別人的價值觀並不容易。

管理「價值觀＝內隱記憶」

要理解與包容「價值觀」一樣需要「記憶力」，但不是「記住」新事物的記憶力。這裡需要的是「管理記憶的能力」，也就是之前提到的，不被既有記憶牽著鼻子走的記憶力。

「價值觀」其實就是每個人從出生開始累積的「記憶的集合體」。

與生俱來的好惡或傾向，以及從小到大所體驗的任何事情，都會影響到價值觀的形成。由於價值觀早已與我們融為一體，所以我們很難察覺自己的價值觀，形容成「太過稀鬆平常，以致難以察覺」或許比較容易理解。

這些如同呼吸一般自然的價值觀會轉化為「內隱記憶」，在不經意的時候悄然浮現，左右你的認知、思考以及行動。

這個「價值觀」將讓你的情緒產生起伏。

比方說，你跟價值觀一致的人聊天、工作，會產生正面的情緒，而這些情緒也會轉換成工作動力。

當你與價值觀相悖的人聊天或是工作，就很有可能會遇到價值觀不被尊重的情況，「生氣」或是其他強烈的負面情緒也會湧現。一旦流於情緒，就會失去冷靜，也無法理解與接受對方的價值觀了。

那麼我們該怎麼做才好？

第一步先觀察自己記憶的動向。

從「內隱記憶」的反應了解自己的價值觀

比方說，我對你說了這樣的話：

「我從很久以前就超喜歡ＳＭＡＰ。」

你聽到這句話，是什麼心情呢？應該會有一些想法吧？

蛤？因為對ＳＭＡＰ沒興趣，什麼反應也沒有？

那麼，下面這句話又如何？

「我超級不喜歡貓狗這類動物。」

大家的心情又是如何？

「貓明明就那麼可愛，居然會有人討厭貓！」

「我懂，我懂，自從小時候被狗咬，之後就不敢靠近狗了……」

大家應該會有各式各樣的反應。

這些反應全都源自你的記憶。

一如前述，你的記憶總是會產生反應。

比方說，就連你在讀這本書的時候，你的記憶也會產生反應，讓你想起各種事情。其中也包含不知不覺想起的記憶，以及根本沒發現自己想起的記憶，這些記憶就是「內隱記憶」。

察覺這些記憶的反應，可幫助你了解自己的價值觀。

感情用事的時候，是察覺價值觀的絕佳機會！

當你的記憶產生激烈的反應，也就是情緒變得強烈的時候，正是價值觀完全外露的時候。

當你氣得直發抖，絕對是價值觀外露的徵兆。

比方說，「那傢伙怎麼只想著業績，完全不管顧客的死活啊！」假設你曾經因為這類理由生氣，代表你對工作的價值觀以及判斷事物的標準為「工作就是要為顧客著想」。

但是，當你生氣或是情緒產生起伏，就很難冷靜地觀察記憶的反應，所以人很難自我覺察自己的價值觀。

要能在這種時候也看清自己的價值觀，包容對方的價值觀，關鍵在於「框架」這種思維。

「框架」就是思考的框框，類似畫框的東西。

比方說，就算是同一幅畫，放在不同的畫框會給人完全不同的印象對吧?由於現在已經有一些APP或是軟體能將數位照片放入裝飾框，所以只要稍微想像一下，應該就知道框架所能產生的效果。

換句話說，我們的「價值觀」就像是某種「框架」。

就算遇到同一件事，只要價值觀不同，這件事給人的印象或是意義就會跟著改變。

各位也可以將價值觀想像成眼鏡的「鏡框」，意思是，每個人都戴著有色眼鏡。

我們不管是在職場，還是在日常生活，都會透過價值觀這種框架看世界，或是與別人交流。

所以若能在變得感情用事的時候，注意自己擁有哪種框架，就能察覺自己的價值觀。

這個方法也能用來觀察別人的價值觀。

主動觀察自己與別人的記憶都套用了哪些框架，可說是了解價值觀的關鍵。

根據對方的「反應」了解對方的價值觀

當你了解自己的「內隱記憶＝價值觀」，懂得從客觀的角度將價值觀視為框架之後，就不會再感情用事，也能將注意力放在別人身上。這代表就算遇到價值觀不同的人，你的情緒很可能產生劇烈起伏時，你還是能夠冷靜客觀地觀察對方。

如此一來，你就能在對方身上發現一些之前沒發現的反應，以及超乎語言之外的弦外之音。

對方跟你一樣，價值觀這類內隱記憶都會自行啟動，這代表你有機會能捕捉這些反應。

除了喜悅、開心這類正面的情緒之外，生氣、悲傷這類負面的情緒也能幫助我們了解別人的價值觀，也都是非常有價值的訊號。

「這個人的價值觀是什麼？他重視的又是什麼？他擁有哪種框架呢？」

抱著這類想法或疑問傾聽對方說的話，就能漸漸地了解對方的價值觀。

不要立刻評斷對方，要傾聽對方的價值觀

比方說，你的辦公室調整了格局，而同事在後續的會議中提出以下意見：

「能不能趁著這次調整格局，將桌子與椅子都換成新的呢？」

你聽到這句話，會有什麼反應？

此時價值觀會以內隱記憶的方式自行啟動，所以應該會產生某些反應才對。

比方說，「這個提議不錯，機會難得，就趁機換個心情吧！大家也會更有動力工作吧。」

也有可能是這種反應：「沒辦法啦，你以為調整格局不用花錢嗎？怎麼可能還花錢

添購新的桌子椅子……。這個人都沒有考慮成本的問題嗎？」

最先出現的是「很好」、「不好」這類反應，但不管這類反應如何碰撞，也無法更深入地討論問題。

這裡的重點是，不要以「好」或「不好」判斷別人提出的建議，而是要思考提出建議的人是基於何種價值觀而覺得這個建議「很好」，以及聽到建議的人是基於何種價值觀覺得這個建議「很好」或是「不好」。

不過，就算在這時候問對方「為什麼你會這麼覺得」，對方也不一定能說出為什麼，因為價值觀是內隱記憶，有可能對方根本從未了解自己的價值觀。

此外，被問到「為什麼」的時候，大部分的人通常都會利用一些藉口迴避問題，所以重點在於以下列的問題反問對方。

「你覺得這麼做，能得到什麼效果？」

這種問法比問「為什麼」更容易正面坦率地回答。雖然不一定能立刻了解對方的價值觀，但只要多問幾次這類問題，一定能夠摸清對方的價值觀，只要你實際操作一遍，就會知道這種提問的威力。

不要只是流於表面，只看到對方想要「換新桌子和新椅子」，而是進一步探索藏在背後的價值觀，就有機會更了解對方。

之後的討論就不會流於情緒，對話也會變得更有建設性。

就算理解了彼此的價值觀，還是有可能產生衝突，不過，這不會是流於表面的衝突，而是為了了解彼此重視的價值觀才發生衝突，所以反而更容易建立起信任關係。

而且以彼此的價值觀來思考問題，解決問題、判斷事物的選項也會跟著增加。

一旦選項增加，原本「拒絕交涉」的對方，也有可能願意妥協。

「全球化」也源自記憶的管理術

「全球化」這個詞彙由來已久，要在日本社會的人口逐漸減少之際，追求商業方面的成長，就必須與外國交流。

許多人都提到，要成為國際人才，就必須學好英語或是其他語言，但**更重要的是如**

何接受各種價值觀，也就是所謂的「多元化」（diversity）。

國際人才就算遇到了價值觀不同的人，也不會感情用事，被自己的記憶纏住。如果做不到這點，將很難與擁有多元化價值觀的外國人交流。

當然，也有許多人是透過不同價值觀的碰撞，才了解與接受不同的價值觀。

不過，能讓這個過程輕鬆一點，少受一點挫折的方法，就是本書介紹的記憶管理術。

培養「框架認知力」的方法

與其記住資訊，不如記住「資訊眼」

要提升認知「價值觀＝框架」的能力，讀書算是一條捷徑。這是因為在還不熟悉何為框架之前，就想透過與別人面對面的方式去認知框架，往往會流於感情用事，很難察覺框架的存在。

但如果是看書的話，就算情緒變得激昂，也能比面對真人的時候更加客觀，所以能更輕鬆地認識外顯的價值觀。

若問具體該怎麼做，就是在閱讀的時候，不要只注意白紙黑字的資訊，而是要將重點放在藏在背後的「框架」。

日本經濟學者內田義彥，在著作《讀書與社會科學》中介紹讀書的兩種觀點時，使用了「資訊眼」一詞。

該書出版時，日本已是物質豐富的社會，資訊量也開始氾濫，「資訊化社會」也成為眾所周知的詞彙，許多人開始呼籲重視資訊的價值。

「資訊眼」提醒我們不要在這個資訊氾濫、錯綜複雜、瞬息萬變的時代，被「資訊」吞沒，同時必須學習辨識資訊的方法。

「資訊眼」這個詞彙的涵義與價值觀相近，相當於本書提到的框架。

還有，麥肯錫或波士頓顧問公司這些管顧公司，用來分析企業、擬定策略的「架構」（framework）也是一種框架，而這些架構如今也已經為一般人所熟知。

比方說，3C（Company／Customer／Competitor）這種架構就提到，在思考經營策略時，不能少了「自家公司」、「顧客」與「競爭對手」這三種觀點。

本書提及的框架與這些顧問公司提出的架構、還有資訊眼，不僅可以幫助我們接受自己與他人的價值觀，作為知識來說也相當重要。

這是因為在這個透過網路就能隨時找到資訊的時代，更需要透過「資訊眼」來了解事物與世界，「資訊眼」遠比資訊本身重要。

如果只記住「資訊」的話，那麼能享受到的好處就只是知識多一點，讓別人稱讚「喔，你很了解這個喔」而已。

不過，若能擁有「資訊眼」，就能快速了解事物以及周遭的大環境，看穿事物與環境的本質。

「資訊眼」比「資訊」的抽象程度更高，使用上也更廣泛。

讀書不如讀作者的想法

那麼到底該怎麼做，才能在讀書時得到「資訊眼」而不是「資訊」呢？

答案是讀書不如讀「作者」的想法。說得更簡單一點，就是從作者的立場去讀。

作者是從哪個角度觀察這本書的主題？從這種角度讀書就能擁有「資訊眼」。

此外，「目錄」可說是最能體現作者的「資訊眼」的地方。

比方說，可試著瀏覽目錄的章節標題，這些標題會清楚地告訴你，作者是從哪些切入點看待這本書的主題，換言之，**其中藏著作者的框架**。

當你先知道這些再開始閱讀，你不僅能吸收書中的資訊與方法，還能了解作者藏在背後的「資訊眼」。

作者是如何觀察世界的？

此外，作者的「資訊眼」有時會以作者的意見，直接呈現出來。

有時你會對於作者的意見，也就是作者的「資訊眼」直呼「對對對，說得沒錯啊」，有時卻會覺得「是嗎？我覺得不是這樣」，這代表你的價值觀、「資訊眼」化為內隱記憶，而做出的反應。

這裡的重點是，**不要立刻判斷正確或是錯誤**。

不管是產生共鳴，還是有所質疑，這都是讓藏在記憶之中的「資訊眼」浮現，檢視「資訊眼」的大好機會。

常言道「讀書就是閱讀自己」。
因為讀書能讓你的記憶以不同的形式產生反應，讓你有機會閱讀平常難以察覺的內隱記憶，也就是你的價值觀。
請先透過這類共鳴或質疑，讓作者與你的「資訊眼」浮現。
當你意識到之前未曾察覺的「資訊眼」，你的視野也會跟著拓展。

換副眼鏡，改變認知，世界就會跟著改變

「資訊眼」就是一副可替換的「眼鏡」。
「眼鏡」本身沒有好壞之分，但是戴上不同的眼鏡，能讓我們看到世界不同的顏色與細節，可讓眼中的世界完全變樣。
大家應該聽過「危機就是轉機」這句話。
將眼前的狀況視為危機或是轉機，當下的心情、情緒、思考、行動都會完全不同。
眼前的狀況當然是隨時都在改變，更重要的是，你的行動也會影響眼前的狀況。

所以，將眼前的狀況視為危機或轉機，將讓你體驗完全不同的世界。

這種「資訊眼」既是你的記憶之一，也是新的記憶。你擁有何種「資訊眼」？現在使用的是哪種資訊眼？是否有沒用過的資訊眼？下次要使用哪種資訊眼？

懂得管理「資訊眼」這種內隱記憶，你的工作與人生將變得截然不同。

提升「傳遞資訊的技術」，活用對方記憶的方法

所謂「傳遞資訊」就是讓資訊「留在對方的記憶中」

到目前為止，介紹了提升各種商務技巧的記憶術、記憶管理術。最後要介紹的是，利用之前解說的方法，讓你想傳遞的資訊留在對方記憶之中的方法，也順便帶著大家複習前面的內容。

「傳遞資訊」可說是工作的核心。

讓顧客了解商品或服務的價值當然是「傳遞資訊」，然而，團隊與組織的內部也需要不斷地傳遞資訊。

談生意、交涉、開會、簡報、討論、寫信，這些都是傳遞訊息的行為。

不過，「傳遞訊息」可不只是單向傳遞自己想傳遞的訊息就好。

明明傳遞了很多訊息，結果對方卻是左耳進、右耳出的話，那豈不是太可惜？我們的目標是讓對方接受資訊，也就是將資訊留在對方的記憶之中。

那麼該怎麼做，才能迅速確實地「傳遞」資訊，讓資訊留在對方的記憶裡呢？

傳遞資訊就是讓資訊留在對方的記憶中。

若從這個角度思考，應該不難發現之前介紹的記憶應用法，這時可以派上用場了。

到目前為止，介紹的都是讓資訊「留在自己的記憶之中」，而現在不過是將對象從「自己」換成「別人」而已。

比方說，本書多次介紹的「記住人名的方法」就是其中一例。只要使用這個方法，就能讓對方記住你的名字。

一如過去的你，對方在今天認識你之後，很可能立刻就忘了你的名字。如果對方也知道本書介紹的記憶應用法，那就另當別論，但不太可能期待每個人都懂得這套方法。

不過，也不用就此氣餒，只要以正確的方法讓你的名字留在對方的記憶之中即可。

對方記得你的姓名以及說過的事情嗎？

第三章介紹過刻意複誦對方的姓名或是將重要的資訊轉換成影像，再賦予意義的方法。現在同樣也是這麼做，只是不是為了讓自己，而是讓對方能記住。

故意重複提到自己的名字，或是試著透過一些比喻讓自己的名字化為影像，讓名字留在對方的記憶中。

比方說，我的名字是「宇都出」，所以我在自我介紹時，都會一邊做出揮棒的動作，一邊提到：「小時候參加棒球比賽的時候，都會故意開玩笑地大喊『用球砸死』這個打者吧！」由於這個強調的部分與我的名字發音相同，所以就很容易讓對方在聽完之後記住我的名字。

除了名字之外，你在說某些事情或是透過信件、文件傳遞訊息時，**都要問自己「該怎麼做才能讓對方記住」，然後利用讓自己記住資訊的方法，讓對方去記住你要傳遞的資訊。**

如此一來，你「傳遞資訊的技術」就會一步步升級。

接下來要整理傳遞資訊的重點。

讓對方記住資訊的重點①：重複

「重複」堪稱是記憶的「萬有引力法則」，因為當某個資訊一再浮現，大腦就會認為「這個資訊很重要」！

如果想讓某個資訊留在記憶之中，「一是重複，二是重複，沒有三跟四，而五也是重複。」

不過，只重複了幾次就抱怨「員工都不懂我在說什麼」的經營者，或是「明明跟那位顧客說得很清楚，但對方卻完全記不得」的業務員卻十分常見。

明明自己是接收資訊的人的時候，都知道「只聽幾次怎麼可能全部記得」，但是當自己是傳遞資訊的人，很可能因為跟很多人說了好幾次、好幾十次，所以就誤以為每個人都會立刻記得。

要讓對方記住資訊，只說幾次是不夠的，至少要重複說個幾十次才夠。

其實有些人知道這種重複的效果有多強大，而且很懂得使用這種效果。

那就是製作電視廣告或其他廣告的人，以及獨裁者。

他們會不斷地向大眾傳播簡單的訊息或是政治宣傳，讓大眾記住他們想傳遞的訊息。

為什麼他們會不斷地重複訊息，希望對方記住呢？

當然是希望大眾記住商品名稱或是政策，但究其背後的理由，那是因為**人們會覺得印象深刻或熟悉的事物就是事實**。

換言之，人們會誤以為常常看到的、聽到的事情是事實。

而且，就算只接收了部分的資訊，例如一些語不驚人死不休的口號，人們也會覺得自己已經熟悉完整的資訊，還以為這個資訊是事實。這點已透過實驗證實了。

利用這個原理騙人當然不對，但是要讓對方記住你想傳遞的訊息，「重複」的確是非常有效的手段。

讓對方記住資訊的重點②：減少對方的工作記憶體負擔

第二個重點就是「工作記憶體」。

第四章提到，被比喻為大腦筆記本的工作記憶體很小，所以想辦法減少工作記憶體的負擔是件非常重要的事。

同理可證，對方的工作記憶體跟我們一樣小，所以若希望別人記住你說的內容，就要盡可能避免造成對方的工作記憶體負擔，不要讓它超載。

此時**最有效的手段就是減少資訊，將資訊整理成階層結構，再傳遞**。

許多顧問或是講師在開始說話之前，都會先說「這裡的重點有三個」。這也是為了減輕聽眾的工作記憶體負擔，讓聽眾記住內容的手段。

當聽眾聽到「重點有三個」，就會先想像有三根柱子，所以就不會被資訊吞沒，工作記憶體也能全面運作。

此外，**重點最好越少越好，最理想的情況是減至三個**。其實我們想介紹的事情很多，但是當聽眾聽到「重點有10個」，他們的工作記憶體就會超載，最終什麼也記不住。

順帶一提，這次解說的「讓對方記住資訊的重點」總共有四個，你的工作記憶體還裝得下嗎？

話說回來，不管資訊再怎麼精簡，或是整理成階層結構，有些內容就是會一下子塞滿對方的工作記憶體，此時若是為了讓對方聽懂而多做解釋，反而會讓對方的工作記憶體超過負荷。

此時比起多做解釋，還不如先大致確認對方是否聽懂了前面的內容，或是請對方說他了解了哪些部分，不了解的又有哪些，如此一來就能減輕對方工作記憶體的負擔，對方也更容易記住內容。

讓對方記住資訊的重點③：與對方的記憶結合

第四章提過，不管是記憶還是理解，原理都是「結合」。當新資訊與已知的事情結合，我們就能記住或是理解新資訊。

要讓對方記得你想說的事情，可以直接活用這個原理。**具體來說，就是利用對方熟知的事情比喻，或是讓新資訊與對方熟悉的事情結合。**

「工作記憶體就像是電腦的RAM」或是「工作記憶體很像是大腦的筆記本」，利用對方已知的事情比喻，對方就會覺得「啊，原來是這樣啊」，然後輕鬆地記住新資訊。

這也是不讓對方的工作記憶體承受太多負擔的方法。

此外，第五章也提過「精緻性複誦」這種反芻記憶的方法。這是在記住人名時，故意追加公司名稱，讓記憶更加深刻的方法。

要使用這一招，**就要找出與對方的共通之處，加入讓自己與對方串連的資訊。**

比方說，「請問您的出生地在哪裡？啊，是神戶啊，我是京都，我們都是關西人耶」，像這樣讓對方的記憶與你這個人結合，對方就更容易記住你。

不過，此時必須先了解對方，掌握對方有哪些記憶。所以**傾聽對方說的事情也是關鍵**。

上司若希望部下記住某些事情，就得先問問部下知道哪些事情，或是正在想什麼，然後再讓要傳遞的內容與這些事情結合即可。

資訊不該是單向傳遞。平常就常常交流的話，就能讓資訊的傳遞變得更簡單。

讓對方記住資訊的重點④：轉化為經驗記憶與方法記憶

所謂的「傳遞」不只是傳遞資訊或知識，也有可能「傳授」技能。比方說，你希望對方學會某種技巧。

此時本章說明的「三種記憶」（知識記憶、經驗記憶與方法記憶）就是對方能否學會的關鍵。

要讓某些技巧或是方法變得實用，不能只讓對方記住能化為語言的知識，還要讓對方累積無法化為語言的經驗記憶，甚至還得讓經驗記憶落實為方法記憶。

為此，**傳授方法或技巧的人最先該做的事情，就是為對方實際演練**。

大家聽過「鏡像神經元」（Mirror neuron）嗎？它的意思是，「光是觀察對方的行動，自己在做該行動時的神經細胞就會活化」。

意思是，就算對方沒有跟著你一起演練，光是看到你的動作，對方的腦細胞就會吸收相同的經驗。

最重要的當然還是讓對方實際演練，自行累積經驗。所以**下個步驟就是請對方實際演練**。

在此可先試著讓可以化為語言的部分化為語言，簡單扼要地說明。此時可使用「重複」、「減輕工作記憶體負擔」、「與對方的記憶結合」這三個前面介紹的重點。

不過，當對方開始實際演練，往往會失敗、退縮或是遭遇挫折。

為了讓對方願意採取行動，你要讓對方知道，你是他最大的後盾，讓自己成為對方的「安全基地」。

「安全基地」是兒童心理學的用語，顧名思義，就是「讓對方感到安心的場所」。只要找到堅固的「安全基地」，每個人都能走出安全基地，挑戰各種事物。

如果你是上司，就要允許部下犯錯，常常傾聽部下的心聲，為部下打造適合挑戰新事物的環境。

只要能做到這點，對方就能慢慢地累積經驗記憶。

最後一個步驟就是讓對方自行累積的經驗記憶轉化為方法記憶，也就是「用身體記住」。

為此，**不能讓對方做到一半就半途而廢，而是要在對方做完之後，讓對方回顧過程，加深學習，以及讓對方挑戰新事物，活用學到的東西**。

此時你說的話，有可能會讓對方無法發揮與生俱來的「潛移默化之力」，所以不要在這時候給太多建議，而要放手讓對方自行學習。

如此說來，聯合艦隊司令官山本五十六的名言，可說是簡單扼要地說明了傳授技巧或是方法的重點：

做給對方看，讓對方聽聽看，做看看，讚美對方，對方就會動起來。

與對方交談，傾聽對方的心聲，承認對方，將重責大任交給對方，對方就會成長。

感謝對方，守護對方，信賴對方，對方就會創造成果。

如何讓對方對你印象深刻？

你的記憶會改變第一印象

前面說明了如何將本書的方法應用在別人身上，而不是自己身上，讓「傳遞資訊的技術」升級的方法。

接下來則是這些內容的插曲，要介紹如何讓對方對你留下好印象，加深印象的方法。

「人與人之間的印象，在第一次見面的時候就決定了。」

想必大家常常聽到這種說法。這的確是事實，而觸發這個現象的也是記憶。

想必大家都知道，要讓商務活動有所進展，讓對方對你產生「這個人很厲害」的好印象非常重要。

要達到這個目標，可以利用記憶力讓對方留下深刻的印象，讓對方牢牢記住你。

一如前述，大腦的記憶非常模糊，記不太住枝微末節的事情，而且就如本書前言所述，許多人都覺得「什麼資訊都能透過手機和網路搜尋」，所以也不像以前的人，記住那麼多談生意時需要的資訊或知識。

正因為如此，能簡單扼要地說出相關的細節或知識，就能讓對方留下「喔，這個人好厲害啊！」的強烈印象。

一旦這個印象留在了對方的記憶裡，你接下來的每個行動，都會被他們放到「厲害」這個框架去解讀。如此一來，每次見面與交談，「這個人很厲害」的印象就會越來越深刻。

這種在一開始創造的記憶會左右對方之後對你的印象。

話說回來，並不是什麼事情都能讓對方覺得你很厲害，必須是能讓對方覺得「這個人很厲害」的資訊或知識。

數字與名言是強化印象的關鍵字

數字是能讓對方覺得這個人很厲害的資訊或知識之一。

如果客戶的窗口能正確無誤地說出業界或是商品的相關數據，甚至連小數點都說得清清楚楚，你會覺得對方是怎麼樣的人？

應該有些人會覺得「這個人的記憶力也太強了吧？」，但更多人會覺得「這個人是這行的專家」吧。

是的，數字就是如此強大的武器。

其實理由很簡單，**因為許多人都記不住這些瑣碎的數字，所以會對記住這些數字的人印象深刻**。

此外，跟證照考試不同的是，商業數據需要記的範圍很有限，而且也可以作弊，如果覺得這些數據很難記住，可以先挑出重要的數字，寫在資料的角落，再若無其事地邊偷瞄邊說出數據即可。

另一個關鍵字就是古書提到的格言或是名人的名言。能侃侃而談地說出這些格言或名言，也能讓對方對你產生好印象。

因為這麼做既能借用經典或是名人的權威，又能讓對方覺得「這個人很有學問啊」。

當然，你不需要真的讀完很多書，也不需要記得這些書的內容。

你可以先預測「今天談生意的時候，應該會聊到這些事情」，然後記住一個符合這些事情的名言再去談生意。

如果時間不夠，來不及記住的話，可以將名言寫在資料的角落或是筆記本裡，之後再偷偷拿出來用就好。

如果是能在各種場合使用的名言，就可以找時間背起來，之後就能在適當的場合自然而然地說出來。

重要的數字、格言、名言都能讓對方對你印象深刻，有機會請務必使用看看。

結語

感謝各位讀到最後。

本書介紹了應用記憶學會各種商務技巧的方法，大家覺得如何呢？

我寫這本書是有理由的。

我在讀高中的時候，有好一段時間為了「口吃」的毛病所苦。面對面的話，勉強可以與對方說話，但是講電話或是對方不在面前的時候，我一句話也說不出來。「再這樣下去，未來豈不是沒辦法工作……」當時的我很不安，也覺得人生很悲觀。

有一次，我不經意地走進一間書店，被一本書吸引。那是一本透過「自律訓練法」這種放鬆的技巧克服「口吃」的書籍。

我抱著「死馬當活馬醫」的想法，用了所剩無幾的零用錢買了這本書，嘗試了書中介紹的內容。

沒想到，「口吃」的毛病真的治好了，甚至我現在已經能站在群眾前面演講或是舉辦座談會。

這個體驗讓我知道，學會新知識、方法與技巧是一件多麼美妙的事情，也知道無知是多麼可怕的事，於是我開始大量閱讀。

此外，我也參加了各種座談會，也去美國留學，將大量的金錢與時間都奉獻給學習方法與技巧。

但就在我這麼做的時候，我不知不覺成為了收集這些技巧的「方法收集者」，也成為無法實踐所學的人。

當我察覺這個事實，過去的努力就像是水面泡影般消失，我整個人變得茫然失措。

讓我重新振作的關鍵就是本書介紹的「記憶管理術」。

只要使用這個記憶管理術，應該就能透過學過的方法與技巧創造工作成果吧？

在我不斷地嘗試與失敗之後，那些學過的方法與技巧慢慢地升級為「實用的商務技巧」，我也透過這些商務技巧打造了職涯與人生。

一如「幸福的青鳥」這個詞彙，**改變人生所需的東西早已化為你的「記憶」**。

我就是為了跟各位說這件事才寫了這本書。

正在閱讀本書的你早已具備如此強大的記憶力，你該做的只有想辦法利用它。各位可一邊參考本書，一邊管理記憶，全面活用記憶蘊藏的力量，藉此打開理想世界的大門。

記憶具有驅動我們的力量，不過讀完本書的你與之前的你已判若兩人。

你已成為能對記憶造成影響的人。

這一瞬間的想法、願望、行動以及你身邊的一切，都會改變你的記憶，改變你的工作與人生。

你要被記憶操控，過著憤憤不平與充滿抱怨的人生嗎？

還是想要管理記憶，開創屬於自己的人生呢？

這一切都由你決定。第一步該做的事情就是踏出第一步！

接著就是試著開創屬於你的理想人生。我會由衷地聲援大家。

最後要感謝在這一年半不離不棄，支持我寫出這本書的編輯重村啟太先生。

真的是萬分感謝！

二〇一七年　春

宇都出　雅巳

參考書目

《生きるための論語》（安富歩，筑摩書房）
《Talks to Teachers on Psychology: And to Students on Some of Life's Ideals》（William James）
《記憶力日本一が教える〝ライバルに勝つ〟記憶術》（池田義博，世界文化社）
《Give and Take: Why Helping Others Drives Our Success》（Adam Grant, Penguin Books），中譯本《給予》平安文化出版）
《教養としての認知科学》（鈴木宏昭，東京大学出版会）
《心が思い通りになる技術―NLP：神経言語プログラミング》（原田幸治，春秋社）
《サブリミナル・インパクト―情動と潜在認知の時代》（下條信輔，筑摩書房）

《集合知とは何か─ネット時代の「知」のゆくえ》（暫譯：什麼是集體智慧？網路時代的「智慧」將何去何從）（西垣通，中央公論新社）
《The Inner Game of Tennis》（W. Timothy Gallwey, Random House：中譯本《比賽，從心開始》經濟新潮社出版）
《The Inner Game of Golf》（W. Timothy Gallwey, Random House）
《The Inner Game of Work》（W. Timothy Gallwey, Random House）
《身体感覚を取り戻す─腰・ハラ文化の再生》（齋藤孝，日本放送出版協会）
《絶対達成マインドのつくり方─科学的に自信をつける4つのステップ》（横山信弘，ダイヤモンド社）
《知の編集工学》（松岡正剛，朝日新聞社：中譯本《知識的編輯學》經濟新潮社出版）
《Peak: Secrets from the New Science of Expertise》（Anders Ericsson and Robert Pool, Mariner Books，中譯本《刻意練習》方智出版）
《つながる脳科学─「心のしくみ」に迫る脳研究の最前線》（理化学研究所脳科学総合研究センター編，講談社）

《天職は寝て待て》（山口周，光文社；中譯本《沉住氣，等待天職》天下文化出版）
《読書と社会科学》（内田義彦，岩波書店）
《The Filter Bubble: What the Internet Is Hiding from You》（Eli Pariser, Penguin Press；中譯本《搜尋引擎沒告訴你的事》左岸文化出版）
《日本人大リーガーに学ぶメンタル強化術》（高畑好秀，角川書店）
《ビジネスマンのための「行動観察」入門》（松波晴人，講談社）
《Thinking, Fast and Slow》（Daniel Kahneman, Farrar, Straus and Giroux；中譯本《快思慢想》天下文化出版）
《学びとは何か―〈探究人〉になるために》（暫譯：何謂學習：如何成為探索知識的人）（今井むつみ，岩波書店）

國家圖書館出版品預行編目（CIP）資料

記憶力，最強的商業技能！：教你做好「記憶管理」，精進學習力、理解力，讓工作和學習更高效／宇都出 雅巳著；許郁文譯. -- 初版. -- 臺北市：經濟新潮社出版：英屬蓋曼群島商家庭傳媒股份有限公司城邦分公司發行, 2024.10
面；　公分. --（經營管理；188）
ISBN 978-626-7195-76-5（平裝）

1. CST：記憶　2. CST：職場成功法

494.35　　113014354